2022年度教育部人文社会科学研究青年基金项目（22YJC910009），复杂数据驱动的服务过程质量监测与诊断研究。

国家自然科学基金青年项目（12201429），面向数据特点的服务过程统计建模与在线监控研究。

辽宁省社会科学规划基金一般项目（L24BTJ002），消费者在线投诉驱动的产品质量监管新路径与市场反应机制研究。

稳健控制图的设计方法与应用

宋 赟 著

南開大學出版社
NANKAI UNIVERSITY PRESS
天 津

图书在版编目(CIP)数据

稳健控制图的设计方法与应用 / 宋赞著. -- 天津 : 南开大学出版社, 2025. 6. -- ISBN 978-7-310-06705-3

Ⅰ. TP13

中国国家版本馆 CIP 数据核字第 2025K60T52 号

版权所有 侵权必究

稳健控制图的设计方法与应用

WENJIAN KONGZHITU DE SHEJI FANGFA YU YINGYONG

南开大学出版社出版发行

出版人:王 康

地址:天津市南开区卫津路 94 号 邮政编码:300071

营销部电话:(022)23508339 营销部传真:(022)23508542

https://nkup.nankai.edu.cn

天津创先河普业印刷有限公司印刷 全国各地新华书店经销

2025 年 6 月第 1 版 2025 年 6 月第 1 次印刷

260×185 毫米 16 开本 10.5 印张 180 千字

定价:42.00 元

如遇图书印装质量问题,请与本社营销部联系调换,电话:(022)23508339

前　言

在数字化与智能化发展的推动下,服务经济已成为全球经济转型升级的核心驱动力。从智能制造到远程医疗,从智慧物流到金融科技,现代服务系统呈现出多维度交互性、强耦合依赖性和非线性动态演化性等核心特征,其质量指标往往表现为复杂的数据形态,包括多变量关联性、时变波动性、分布异质性以及多源复合性。以售后服务为例,投诉频数受多重因素影响:除了产品本身的质量问题外,销量的增长会扩大潜在投诉客户群体,大众维权意识的提升以及互联网发展带来的投诉渠道便捷化都会显著影响投诉数据。若忽视这些因素与投诉频数之间的相关性,控制图可能出现大量误报,导致资源浪费。类似地,在电子商务领域,交易延迟、支付失败率与服务器负载之间动态关联,构成了复杂的服务质量风险网络。这些现象揭示了一个共性挑战:传统基于正态假设的统计过程控制(Statistical Process Control,简记为 SPC)方法在面对此类复杂服务数据时,其检测灵敏度和鲁棒性都存在明显不足。

传统 SPC 方法的局限性在服务场景中尤为凸显。服务数据的分布形态往往偏离正态假设,呈现出显著的偏态、重尾或异方差等特征。例如,物流运输时间的分布可能因极端天气或交通拥堵呈现右偏特征,而客户满意度评分则可能因评价标准的模糊性形成多峰分布。当数据分布偏离假设时,传统的参数控制图的检测效能会急剧下降,导致异常预警的误报率与漏报率居高不下。另外,服务系统中多变量间的关联关系通常具有显著的时变性和时空异质性。在医疗服务中,慢性病患者的血糖水平与胰岛素注射量的动态相关性可能随病程进展发生结构性变化。在金融科技领域,支付系统的交易成功率与网络延迟的关联强度可能因节假日效应呈现季节性波动。传统多元控制图难以捕捉这种动态依赖关系,导致系统性风险识别滞后。

针对生产和服务过程质量监控的复杂性挑战与传统方法的局限性,本书提出了一套非参数稳健控制图设计方法以及在生产和服务过程质量监测与诊断中的应用,其核心思想在于通过融合统计理论与管理实践,构建一个稳健的监控框架,该框架具有以下特征:(1)对数据分布假设不敏感,降低模型对预设条件的依赖性;(2)具备动态适应能力,能够有效捕捉不同分布特征;(3)采用经验 Copula 建模方法,刻画多变量间的非线性相关结构。本书第二章的主要内容是构造一个非参数控制图用于监控连续过程的尺度参数。第三章扩展为基于非参数控制图联合监控连续过程的位置参数和尺度参数的变化。在此基础上，第四章和第五章进一步提出提高非参数控制图检测效率的两种方法。第四章引入动态快速初始响应机制，在控制小步长误报率的基础上，提高非参数控制图在初始阶段的检测效率。第五章充分利用现有数据估计过程分布的尾部权重和偏度，针对不同类型分布选择适合的非参数检验，提高非参数控制图对于不同类型过程分布的检测性能。第六章基于 Sklar 定理，应用边缘分布和 Copula 函数表示多元联合分布，边缘分布函数描述的是各个分量的分布，而 Copula 函数描述的是分量之间的相关结构。在实际应用中，边缘分布和 Copula 函数通常是未知的。因此，应用非参数检验同时监测边缘分布和经验 Copula，并设计了两个稳健的 Shewhart 控制图。以呼叫中心服务质量监控为应用场景，提出的控制图性能表现稳健，能够同时监控服务过程均值向量和协方差矩阵。另外一个重要优势是控制图本身就可以用作诊断，为多元服务数据的在线监控与诊断提供一个新的思路。

本书的撰写工作承蒙多方支持。首先感谢我的老师——辽宁大学张久军教授，从选题构思、框架搭建到方法论证全程给予的学术指导和悉心点拨。南开大学出版社编辑部的老师们为书稿的编校工作提供了专业建议和宝贵支持，在此深表谢忱。本书同时获得教育部人文社会科学研究基金、国家自然科学基金以及辽宁省社会科学规划基金的项目资助，特此衷心感谢。

由于作者学识所限，书中内容难免存在疏漏与不足，恳请各位专家学者及业界同仁不吝指正。

沈阳农业大学 宋赟

2025 年 4 月

目　录

第1章　绪论 ………………………………………………………………… 1

第2章　一种监测生产和服务过程尺度参数的
　　　　非参数控制图 ……………………………………………………… 9

　2.1　引言 …………………………………………………………………… 9
　2.2　基于LOG的Shewhart控制图 ………………………………………… 9
　2.3　LOG图的性能表现 …………………………………………………… 11
　2.4　实例应用 ……………………………………………………………… 16
　2.5　本章小结 ……………………………………………………………… 16

第3章　一类用于生产和服务过程位置和尺度参数联合监测的非参数EWMA控
　　　　制图 ………………………………………………………………… 18

　3.1　引言 …………………………………………………………………… 18
　3.2　非参数EWMA控制图 ………………………………………………… 19
　3.3　数值结果与比较分析 ………………………………………………… 24
　3.4　实例应用 ……………………………………………………………… 60
　3.5　本章小结 ……………………………………………………………… 61

第4章　具有动态FIR机制的联合检测位置和尺度的非参数EWMA控制图
　　　　的优化设计 ………………………………………………………… 65

　4.1　引言 …………………………………………………………………… 65
　4.2　非参数EWMA控制图 ………………………………………………… 66
　4.3　带FIR的EWMA控制图的设计方案 ………………………………… 70
　4.4　性能比较 ……………………………………………………………… 72
　4.5　实例应用 ……………………………………………………………… 78
　4.6　本章小结 ……………………………………………………………… 80

第5章　联合检测位置参数和尺度参数控制图的优化设计——一种减少信息
　　　　损失的自适应非参数方法 ………………………………………… 83

　5.1　引言 …………………………………………………………………… 83
　5.2　自适应Lepage控制图 ………………………………………………… 84
　5.3　数值结果与比较分析 ………………………………………………… 93
　5.4　实例应用 ……………………………………………………………… 111
　5.5　本章小结 ……………………………………………………………… 113

第6章　基于Copula方法的二元稳健控制图及在生产和服务质量监测与诊
　　　　断中的应用 ………………………………………………………… 116

6.1 引言 116
6.2 两个稳健的二元控制图 118
6.3 数值结果与比较分析 123
6.4 实例应用 148
6.5 本章小结 152

参考文献 154

第1章 绪论

统计过程控制（statistical process control，SPC）是生产和服务质量监测的重要研究内容，它包含一些可以有效降低产品质量波动以使产品质量保持稳定的工具（参见Montgomery，2013；Qiu，2014；王兆军等，2013）。在这些工具中，控制图（control chart）主要用于监测序贯过程，以确保它们工作稳定，已广泛应用于制造业、服务业、医疗和教育等领域。1924年，Shewhart博士提出了世界上第一张控制图（Shewhart控制图）。Shewhart控制图仅利用当前样本信息，对检测过程参数的大漂移比较有效，但对中小漂移不敏感。为了提高控制图对中小漂移的检测效果，1954年Page基于序贯概率比检验，提出了累积和（cumulative sum，CUSUM）控制图，Roberts于1959年提出了指数加权移动平均（exponentially weighted moving average，EWMA）控制图。CUSUM和EWMA控制图被称为记忆型控制图，对检测过程参数的中小漂移十分有效。更进一步，为了有效地检测大漂移和小漂移，许多学者建议将Shewhart控制图与CUSUM或EWMA控制图联合，联合控制图结合了Shewhart控制图与CUSUM或EWMA控制图的优点，具有广泛的实际应用前景。

传统的控制图大多假定生产和服务过程参数数据服从正态分布且过程参数已知。然而，正如Qiu（2018）指出，实际上这个假设经常不成立。在实际应用中，许多过程参数是未知的，需要在阶段Ⅰ利用受控（in-control，IC）数据估计。然而，阶段Ⅰ数据可能包含异常的观测值，这会影响参数估计值，从而影响阶段Ⅱ控制图检测参数漂移的能力。针对阶段Ⅰ的数据污染问题，一种解决方法是使用稳健的估计量，当估计参数时，它对污染数据不敏感。许多学者提出使用稳健的方差估计量来构造监控过程方差参数的控制图。Song等（2018）在正态分布未知参数假设下，考虑了11种不同的标准差估计量和6种不同类型的干扰项，对3种不同类型的控制图（EWMA图、CUSUM图和Shewhart-CUSUM图）进行了详细的性能对比分析。由于影响控制图性能的因素是多方面的，包括参数估计精度、控制图类型和漂移大小等。因此，比较研究基于以下四个方面：①阶段Ⅰ标准差的估计采用不同估计量的影响；②阶段Ⅰ数据来自标准正态分布和来自带干扰项的影响；③阶段Ⅱ采用不同类型控制图的影响；④阶段Ⅱ检测不同漂移大小的影响。研究结果表明，即使在无干扰项正态分布环境中并使用调整后的控制限，带参数估计的记忆型控制图的运行长度分布与对应的已知参数情况相比也存在显著差异,如果存在干扰项则差异问题更为严重。当阶段 I 的样本容量增加时,对于无干扰项的环境,这种差异会逐渐减小,但对于有干扰项的环境,这种差异仍然存在。因此,在实际中需要更谨慎地使用带参数估计的记忆型控制图。另外,随着通讯技术的发展和各种自动化高灵敏度传感器设备的普遍应用,企业建立各级生产和服务质量管理系统,能够快速生成海量的生产和服务过程数据,从中识别异常状态是统计过程控制的重要研究方向。但高维数据流流程复杂,以致其确切分布情况往往难以确定。鉴于此,许多学者主张使用非参数或稳健的控制图。与参数控制图相比,非参数控制图的主要优点是在过程受控时的稳健性。近年来,学者对非参数控制图的兴趣显著增长。基于谷歌数据库中的自定义搜索,在2000——2009年,只发现了大约1340个结果,在之后的5年里,这个数字已经上升了52%,有2040个结果。

现有的大部分一元非参数控制图主要用于检测过程位置参数,但是检测过程分布的尺度参数,或者联合检测位置参数和尺度参数,也是非常必要的。虽然近年来出现了一些关于尺度参数检测或联合检测的非参数控制图,但是在这一领域仍然有许多工作需要研究。此外,现有的非参数方法牺牲了样本中的很多基本信息,这种信息损失经常导致控制图相应功效的损失。正如Qiu(2018)指出,信息丢失是非参数控制图在无须假定过程分布的情况下也能保持性能稳健性所付出的代价。未来的一个重要研究课题是在保持非参数控制图的优良性质的同时,尽量减少损失信息。因此,在保证非参数控制图稳健性的前提下,如何提高非参数控制图的检测效率也是一个亟待研究的重要方向。

在许多质量监控环境中,生产和服务过程可能具有两个或者更多相关的质量特征,需要一种适当的方法同时监控这些特征。在文献中,关于对多元过程测量值的监控和诊断通常称为多元统计过程控制(multivariate SPC,MSPC)。MSPC的主要任务有两方面:第一,利用控制图检测过程分布的任何漂移,称之为监控;第二,为了帮助工程师适当地调整过程,还需要识别是哪个或者哪些发生了漂移,叫做诊断。近年来,国内外许多学者和研究团队在MSPC方向展开工作,并且取得了大量研究成果,机器学习算法也被广泛应用于MSPC,但是对于稳健的多元控制图的设计仍然是一个具有挑战性的问题。大部分现有的多元非参数控制图主要用于监控过程分布的均值向量或者协方差矩阵。但是在实践中,还可能出现的一种情况是均值向量和协方差矩阵混杂在一起并同时发生变化;或者事先并不知道哪个变量会出现变化,需要对多个变量的变化同时监控。因此,设计能够同时监控均值向量和协方差矩阵变化的多元非参数控制图十分必要。尽管如此,目前十分缺乏可以同时监控均值向量和协方差矩阵变化的多元非参数或者稳健性的控制图。另外，如果一元控制图给出失控信号，可以容易地知道哪个变量发生问题并寻找解决方案，因为一元控制图只与单个变量相关联。但是，这对于多元控制图无效，因为多元控制图涉及多个变量并且变量之间存在相关性。大部分现有的多元非参数控制图存在一个共同的问题，即它们本身不能用作诊断，无法解释报警到底是由哪个或者哪几个变量发生变化引起的，这往往会阻碍工程师在实际中使用它们。多元控制图报警后的诊断问题也是近年来许多学者关注的课题。

因此，基于以上方面，本书主要致力于非参数或稳健控制图的设计方法与在生产和服务质量监测的应用研究。

对非参数统计过程控制（nonparametric SPC，NSPC）的早期研究主要依据序贯分析的渐近理论。大约20年前，Woodall和Montgomery（1999）预计21世纪非参数方法在统计过程监控中的作用会越来越大。在过去的20年里，不仅他们的预期得以实现，而且出现了制造业生产线以外的非参数过程控制。从监控医疗保健系统，到监控呼叫中心的服务质量，各种非参数控制图在工业4.0时代发挥着变革作用。Montgomery（2009）对统计过程控制的基本原理有很好的阐释，Qiu（2014）对一元和多元非参数控制图进行了系统的梳理，并详细研究了非参数方法相对于传统参数方法的优势。关于非参数控制图的最新综述，参见Qiu（2018）及Chakraborti和Graham（2019）。

在文献中，统计过程控制根据数据不同、目标不同一般分为两个阶段：阶段I和阶段II。阶段I的主要目标是检验过程是否受控，在过程受控条件下收集历史参考数据，进而利用这些数据估计过程分布，对过程有较为准确的把握。阶段II的主要目的是利用阶段I对过程分布的估计，计算控制限，对过程进行在线监控，当观察到的数据足以证明过程失控时，尽快发出失控警报，查找失控原因。阶段I样本（参考样本）的建立是一个重要的研究领域，近年来有几位学者对此进行了讨论，参见Jones-Farmer等（2014），Capizzi和Masarotto（2018）以及Li等（2019）。本书主要关注阶段II非参数或稳健控制图的设计与应用。

在一元连续过程非参数控制图的重要早期工作中，Bakir（2004；2006）提出了基于符号秩统计量的非参数控制图；Chakraborti等（2004）引入一类基于precedence统计量的非参数控制图；Li等（2010）基于Wilcoxon秩和统计量设计了CUSUM和EWMA控制图用于对阶段II位置参数的检测；Qiu和Li（2011a；2011b）提出了一些用于监控过程位置参数的非参数控制图；Graham等（2012）

和Mukherjee等（2013）分别基于exceedance统计量，设计了EWMA和CUSUM非参数控制图。

前一段中讨论的非参数控制图主要是为检测过程的位置参数而设计的。在很多应用领域，检测过程位置参数的变化非常重要，但其他分布特性，比如尺度参数也是重要的质量指标，所以检测过程变量的尺度参数也是非常重要的。尽管如此，用于检测过程尺度参数的非参数控制图并不多。Das（2008a；2008b）分别提出了基于Ansari-Bradley检验和平方秩检验的Shewhart控制图。Zhou和Geng（2013）以及Zhou等（2016）分别提出了基于Ansari-Bradley检验和Mood检验的变点控制图。Villanueva-Guerra等（2017）进一步提出了基于平方秩检验的变点控制图。在实践中，还有一种情况是位置参数和尺度参数同时发生漂移，或者事先不知道哪个参数会发生变化，需要对两个参数同时检测。因此，许多学者推荐使用能够联合检测过程位置参数和尺度参数的非参数或者稳健控制图。对于参数控制图，联合检测的研究开始于20世纪的最后10年，但是长期以来并没有关于非参数联合检测控制图的研究。Mukherjee和Chakraborti（2012）首次讨论了使用单个检验统计量对位置参数和尺度参数进行非参数联合检测的问题，更确切地说，提出了一个基于Lepage统计量的非参数Shewhart控制图。

针对经典的两样本位置和尺度假设检验问题，Lepage（1971）提出了一种基于秩的检验方法，该方法的检验统计量是位置检验的标准化Wilcoxon秩和统计量和尺度检验的标准化Ansari-Bradley统计量的平方和。随后，大量的秩统计量被提出用于两样本的位置和尺度检验问题。这些统计量大多是Lepage型的，即位置检验和尺度检验的组合。实际上，早于Lepage统计量，Cucconi（1968）在一个意大利期刊上针对同一问题提出了一个非参数检验统计量。然而，在Marozzi（2009）给出关于Cucconi统计量新的研究结果之前，意大利以外的科学界还没有注意到Cucconi统计量。Marozzi（2013）进一步回顾并比较了Lepage统计量和Cucconi统计量的性能，并指出Cucconi统计量计算简单，在很多情况下犯第一类错误的概率和检验功效都优于Lepage型统计量。Chowdhury等（2014）基于Cucconi统计量设计了用于联合检测的Shewhart型非参数控制图。在Mukherjee和Chakraborti（2012）及Chowdhury等（2014）之后，已有不少研究文献关于用于联合检测位置参数和尺度参数的非参数控制图。其中，基于Lepage和Cucconi统计量的非参数控制图受到广泛关注。Chowdhury等（2015）以及Mukherjee和Marozzi（2017a）分别基于Lepage统计量和Cucconi统计量开发了非参数CUSUM控制图。进一步，Mukherjee（2017a；

2017b）分别提出了基于Lepage统计量和Cucconi统计量的EWMA控制图。Chong等（2017）利用Lepage统计量及最大值和距离的方法设计了一个新的非参数控制图。Mukherjee和Marozzi（2017b）介绍了基于Lepage统计量和网格方法的非参数控制图。注意到由于Lepage检验是两个统计量的平方和形式，适用于检验位置参数和尺度参数的双侧变化。但是在某些情况下，我们主要关心过程参数的单侧变化。为此，Chong等（2018）对Lepage统计量进行适当的修正，提出了几种检测过程参数单侧变化的Shewhart-Lepage控制图。Song等（2019）介绍了一种利用过程分布的对称性和尾部权重信息，用于联合检测的非参数自适应Shewhart-Lepage控制图。其他相关工作，参见Celano等（2016）、Mahmood等（2017）、Mukherjee和Sen（2018），Zafar等（2018）以及Song等（2020，2021，2022）。

在生产和服务等领域，质量特性通常是相关的，需要同时检测一个过程的几个质量特征。分别使用一元控制图监测各个质量特性不足以监控整体质量的异常变化。因此，更好的方法是使用多元控制图同时检测所有相关特征。1947年，Hotelling已经认识到产品质量可能取决于几个相关特征，首次提出了多元控制图，被称为多元T^2图，这已经成为MSPC领域广泛研究的基础。在传统的MSPC中，通常假设过程服从已知的参数分布，最常见的是多元正态分布。基于Hotelling T^2统计量的多元控制图经常用于检测多元正态分布的位置参数，该方法既简单又具有良好的性能。

然而，在实际应用中过程分布通常是未知的，在很多情况下也不服从多元正态分布。当参数控制图所依据的分布假设不合理时，控制图的误报率和检测效率往往会显著恶化，参见Qiu和Li（2011b）、Liu等（2014）以及Qiu和Zhang（2015）。在这种情况下，使用不依赖特定分布假设的非参数或稳健控制图十分必要。关于多元非参数控制图的一些开创性工作，参见Qiu和Hawkins（2001；2003）以及Qiu（2008）。近年来，Zou和Tsung（2011），Zou等（2012），Boone和Chakraborti（2012），Chen等（2016），Dovoedo和Chakraborti（2017）以及Mukherjee等（2017）提出了一些多元非参数控制图用于检测过程位置向量。另一方面，Li等（2013）、张超（2017）设计了监控多元过程协方差阵的非参数控制图。感兴趣的读者也可以参阅Qiu（2014）书的第九章、Qiu（2018）以及Chakraborti和Graham（2019）中的详细论述。上述文献中的多元非参数控制图用于检测均值向量或协方差矩阵的变化，而不是同时检测两者。然而，监控位置参数的多元控制图的有效性能总是基于协方差矩阵不变的假设。因此，在MSPC中，同时监测过程均值向量和协方差矩阵非常重要。Capizzi和Masarotto（2018）开发了R程序包"dfphase1"，其中包括用于监控均值向量和协方差矩阵的阶段I多元非参数控制图。尽管如此,目前十分缺乏可以同时检测均值向量和协方差矩阵变化的阶段I和阶段II多元非参数的控制图。

在一元过程中识别过程异常源是相对简单的,而在多元数据流中检测漂移和识别失控原因则更为复杂,也是很多实际应用中的主要关注点,即一是强调控制图对过程变化的敏感性,二是关注控制图的诊断能力。如果一元控制图发出失控信号,可以快速检测问题并寻找解决方案,因为一元控制图只与单个变量相关。然而,在多变量过程中使用一元控制图并不容易,因为涉及到多个变量,并且它们之间存在相关性。在多元控制图中,对失控变量的识别相当复杂,文献中已有一些研究方法,例如统计分解技术和机器学习方法,参见Zou和Qiu(2009)、Zou等(2011)、肖承航(2011)、Zi等(2013)、Oliveira等(2017)以及Gajjar等(2018)。然而,仍然缺乏能够提供详细诊断信息的简单有效的诊断工具。

本书第2章的主要研究内容是构造一个非参数控制图用于监控生产和服务过程的尺度参数。第3章扩展为基于非参数控制图联合监控生产和服务过程位置参数和尺度参数的变化。在此基础上,第4章和第5章进一步提出提高非参数控制图检测效率的两种方法。第4章引入动态快速初始响应机制,在控制小步长误报率的基础上,提高非参数控制图在初始阶段的检测效率。第5章充分利用现有数据估计过程分布的尾部权重和偏度,针对不同类型分布选择适合的非参数检验,提高非参数控制图对于不同类型过程分布的检测性能。第6章将研究内容扩展到更为复杂的多元情形,利用第3章中的非参数统计量联合监测边缘分布和经验Copula函数,构造两个稳健的控制图用于多元过程的监控和诊断。本书具体内容如下。

第1章是绪论部分。首先阐述本书的研究背景、研究意义、现有研究概况,面向现代生产和服务数据特点,从非参数控制图在实际应用中的优势出发,论述对非参数控制图的设计理论和应用进行相关研究的迫切需要,引出本书的主要研究内容:非参数或稳健控制图的若干问题研究。

虽然在很多应用领域,检测过程位置参数的变化非常重要,但其他分布特性,比如尺度参数,也是非常重要的质量指标,所以检测过程变量的尺度参数也是非常重要的。第2章基于logistic分布的尺度参数的渐近局部最优势检验(简称LOG检验),提出一个新的用于检测未知连续分布的尺度参数的非参数控制图LOG图。研究结果表明,LOG图在不同的过程分布下都具有很好的性能。

近年来,用于同时监控位置参数和尺度参数的非参数控制图已有不少研究文献。其中,基于Lepage和Cucconi统计量的非参数控制图受到广泛关注。众所周知，Lepage统计量是两个线性无关统计量的平方和，一个用于检测位置参数，一个用于检测尺度参数。以往研究认为Cucconi统计量与Lepage统计量不同，不能写成位置检验统计量和尺度检验统计量的组合。提出Cucconi统计量也可以分解为两个线性无关统计量的平方和形式，并且有三种不同的分解形式。第3章首先回顾了基于Lepage和Cucconi统计量的EWMA控制图，然后提出基于Lepage统计量的一个cEWMA控制图和基于Cucconi统计量的三个cEWMA控制图，并详细比较了上述六个控制图的性能。

第4章和第5章研究了提高非参数控制图检测效率的两种方法。第4章是具有动态快速初始响应（fast initial response，FIR）机制的联合检测位置参数和尺度参数的非参数EWMA控制图的优化设计。带FIR的EWMA控制图通常比传统的EWMA控制图能够更快地检测初始失控情况。几乎所有带FIR特征的控制图的研究都集中在它们的失控性能上。然而，当过程受控时，FIR特征往往会增加在初始阶段的误报率。在实践中，限制小步长误报率是非常重要的。因此，为优化设计带FIR机制的EWMA控制图，基于动态的初始值，在保证给定小步长误报率的基础上，优化控制图在初始阶段的检测效率。

第5章，首先提出了三个基于改进的Lepage型统计量的用于联合检测过程位置参数和尺度参数的非参数控制图，然后提出了两种Shewhart-Lepage型自适应非参数控制图。一种基于自适应检验，另一种基于有限样本修正的自适应检验。第5章中所考虑的自适应非参数控制图不是对任何特定的过程分布具有最优性能，而是在一类过程分布下性能表现均良好。正如Qiu（2018）指出，信息丢失是非参数控制图在无指定过程分布的情况下也能保持性能稳健性所付出的代价。未来的一个重要研究课题是在保持非参数控制图的优良性能的同时，尽量减少信息损失。第5章研究的自适应方法首先利用阶段I数据估计过程分布的尾部权重和偏度并依据尾部权重值进行分类；然后，针对不同的分布类型选择适合的非参数检验。显然，自适应方法没有完全忽略历史数据中有关分布尾部权重或偏度的信息。因此，自适应方法在一定程度上弥补了传统非参数控制图的不足，控制图的性能有所提高。

第6章提出了两个联合监测多元过程均值向量和协方差矩阵的稳健控制图。基于Sklar定理，任意一个d维联合分布函数可分解为d个边缘分布函数和一个Copula函数。边缘分布函数描述的是各个变量的分布，而Copula函数描述的是变量之间的相关结构。鉴于此，第6章提出了一种设计稳健控制图的简单方法，即使用适当的非参数检验统计量同时检测以二元过程为例，边缘分布和经验Copula。在阶段II 监测的每个阶段，采用排列法计算每个统计量的P值，并对三个P值进行适当的变换，利用Tippett联合函数得到控制图的检验统计量。数值结果显示，所提出的控制图性能稳健，能够快速检测均值向量和协方差矩阵的变化，还可以帮助识别信号源，对于这点，传统的二元过程控制图是不容易做到的。第6章提出的方法简单直观、易于理解和实施。虽然为了简单起见，主要关注对二元过程的监控和诊断，但是可以很容易地将所提出的方法扩展到更一般的多元数据上。

第2章 一种监测生产和服务过程尺度参数的非参数控制图

2.1 引言

现有的大部分非参数控制图主要用于检测位置参数。虽然在很多应用领域，检测过程位置参数的变化非常重要，但其他分布特性，比如尺度参数，也是重要的质量指标，所以检测过程变量的尺度参数也是非常重要的。尽管如此，用于检测过程变量尺度参数的非参数控制图并不多。Das（2008a；2008b）提出了分别基于Ansari-Bradley检验和平方秩检验的Shewhart控制图。Zhou和Geng（2013）研究了基于Mood检验的变点控制图；更进一步，Zhou等（2016）提出了基于Ansari-Bradley检验的变点控制图。Villanueva-Guerra等（2017）提出了基于平方秩检验的变点控制图。本章基于logistic分布下尺度参数的渐近局部最优势检验（简称LOG检验），提出一个新的用于检测未知连续分布尺度参数的非参数控制图。研究结果表明，LOG图在不同的过程分布下都具有很好的性能。

本章其余部分的结构安排如下：2.2节介绍LOG检验，并建立基于LOG检验的Shewhart控制图；2.3节给出LOG图的控制限，并分析其受控状态时的性能，通过与其他控制图比较进一步分析LOG图的性能表现；2.4节用一个生产实例具体说明LOG图的应用；2.5节对本章内容进行总结。

2.2 基于LOG的Shewhart控制图

假设 $\boldsymbol{X}_m = (X_1, X_2, \cdots, X_m)$ 来自阶段I受控过程独立同分布的历史参考样本，其累计分布函数为 $F(x)$。$\boldsymbol{Y}_j = (Y_{j1}, Y_{j2}, \cdots, Y_{jn})$，$j = 1, 2, \cdots$ 是来自阶段II 的样本容量为 n 的第 j 组检验样本，并假设与参考样本相互独立，其累计分布函数为 $G(x) = F(\frac{x}{\delta})$，其中 δ 为未知的尺度参数。当过程受控时，$\delta = 1$；当过程失控时，$\delta \neq 1$。

2.2.1 LOG统计量

LOG统计量是对尺度参数的线性秩检验统计量。令
$$T = \sum_{i=1}^{n} a(R_i).$$
式中：$a(\cdot)$为计分函数；$R_i, i = 1, 2, \cdots, n$是检验样本$\boldsymbol{Y}$在混合样本中的秩。

对于分布函数G，尺度参数渐近局部最优势检验的计分函数为如下形式：
$$a(k) = 1 + \varphi_1\left(\frac{k}{N+1}\right). \tag{2.1}$$
其中，
$$\varphi_1(u) = -1 - G^{-1}(u)\frac{g'(G^{-1}(u))}{g(G^{-1}(u))}. \tag{2.2}$$
式中：$N = m + n$为混合样本容量，$g(\cdot)$为概率密度函数，$G^{-1}(\cdot)$为分布函数$G(\cdot)$的反函数。

Kössler（2006）和Song等（2019）指出，采用logistic分布的渐近局部最优势检验对检测中尾分布的尺度参数变化具有较高的势，本章研究发现，它对其他类型分布的尺度参数变化检测效果也很好（具体可见2.3节）。因此，选取G为logistic分布的累计分布函数，即
$$G(u) = \frac{1}{1 + e^{-u}}, \quad -\infty < u < \infty.$$

利用公式（2.1）和（2.2）计算可得，在logistic分布下，尺度参数的渐近局部最优势检验的计分函数为
$$a(k) = -1 - \left(\frac{2k}{N+1} - 1\right)\ln\left(\frac{N+1}{k} - 1\right).$$

进一步，统计量T的均值和方差分别为
$$E(T) = \frac{n}{N}\left(-N - \frac{2}{N+1}\sum_{k=1}^{N} k\ln\left(\frac{N+1-k}{k}\right)\right),$$
$$Var(T) = \frac{mn}{N(N-1)}\sum_{k=1}^{N}\left((1 - \frac{2k}{N+1})\ln(\frac{N+1-k}{k}) + \frac{2}{N(N+1)}\sum_{k=1}^{N}k\ln(\frac{N+1-k}{k})\right)^2.$$

则LOG检验统计量LOG可以定义为
$$LOG = \frac{T - E(T)}{\sqrt{Var(T)}}.$$

2.2.2 LOG图的设计

由于尺度参数减小往往代表过程质量的提高，而尺度参数增大意味着产品质量的下降。所以，在监控过程尺度参数的变化时，我们通常对检测尺度参数增大更为感兴趣。因此本书建立了用于检测尺度参数向上漂移的单边Shewhart控制图。控制图的设计步骤如下。

① 选取来自阶段I受控过程的参考样本$\boldsymbol{X}_m = (X_1, X_2, \cdots, X_m)$。
② 设$\boldsymbol{Y}_j = (Y_{j1}, Y_{j2}, \cdots, Y_{jn}), j = 1, 2, \cdots$为来自阶段II的第$j$个检验样本，样本容量为$n$。根据2.2.1节的描述，计算参考样本$\boldsymbol{X}_m$和$\boldsymbol{Y}_j$所对应的统计量$LOG_j$。
③ 当统计量LOG_j的值大于控制限H时，控制图发生报警。此时，需要生产者寻找失控原因。否则，过程被认为受控，控制图将继续监控下一个检验样本。

2.3 LOG图的性能表现

在这一节，分析LOG图在受控状态和失控状态下的性能。运行长度分布是用来描述控制图性能的重要指标。其中，运行长度分布的均值（average run length，ARL）和运行链长方差（standard deviation of the run length，SDRL）比较常用。由于非参数控制图的受控运行步长分布是右偏的，所以本章还给出了运行步长分布的5个分位数，包括第5，25，50，75和95分位数，用来进一步刻画控制图的运行步长分布的特征。

2.3.1 LOG图受控时的性能分析

当过程参数没有发生变化时，称过程受控，否则称过程失控。受控的ARL记为ARL_0，失控的ARL则记为ARL_1。为了使用LOG图，首先需要计算控制限H，使ARL_0值等于给定值。采用蒙特卡罗（Monte Carlo）模拟的方法寻找控制限H。由于非参数检验与过程分布无关，选取来自标准正态分布的m个样本作为阶段I的参考样本，同样选取来自标准正态分布的n个样本作为阶段II的检验样本。模拟50 000次，结果见表2.1。当$m = 50, 100, 150, 300, n = 5, 11$时，每一对$(m, n)$的值都有一个对应的控制限$H$值，使$ARL_0$值等于给定值250，370，500。

对于给定的(m, n)组合，在表2.1中找到使得$ARL_0=500$的控制限H，并给出受控

表 2.1　不同ARL_0及(m,n)组合下LOG图的控制限

	(m,n)							
ARL_0	(50,5)	(50,11)	(100,5)	(100,11)	(150,5)	(150,11)	(300,5)	(300,11)
250	2.514	2.098	2.805	2.454	2.935	2.627	3.117	2.837
370	2.654	2.236	2.954	2.602	3.101	2.775	3.287	2.999
500	2.775	2.355	3.081	2.716	3.233	2.899	3.420	3.122

状态时LOG图运行长度分布的某些特性，即ARL_0和$SDRL_0$，以及一些分位数，结果见表2.2。由表2.2可知，LOG图在受控状态下的运行长度分布是右偏的，即对于每一对(m,n)组合，中位数都比ARL_0值小很多，而第95分位数的值大约是ARL_0值的3.4～6.2倍。一方面，对于固定的n值，当参考样本m的值从50增加到300时，除了SDRL和第95分位数的值不断减小之外，其余所有分位数的值都逐渐增大。另一方面，对于固定的m值，结论正好相反，除了SDRL和第95分位数随着n的增加而不断增大之外，其余所有分位数随着n的增加逐渐减少。

表 2.2　LOG图受控状态时的性能（$ARL_0=500$）

m	n	H	ARL_0	$SDRL_0$	5th	25th	50th	75th	95th
50	5	2.775	498.14	935.65	7	48	152	458	2349
100	5	3.081	505.30	827.72	12	71	207	548	2088
150	5	3.233	501.81	768.00	15	84	229	571	1916
300	5	3.422	497.36	652.31	18	104	271	612	1702
50	11	2.355	506.70	1065.82	4	28	101	381	3104
100	11	2.716	503.31	938.24	8	50	159	468	2395
150	11	2.899	506.74	860.14	11	66	195	529	2181
300	11	3.122	499.66	737.20	15	88	243	583	1855

2.3.2　性能比较

在衡量控制图的性能时，通常比较它们在不同漂移下的ARL_1值的大小。当过程受控时，控制图发出失控警报就属于误报，这时ARL_0值越大越好；当过程失控时，自然希望控制图尽快报警，即ARL_1值越小越好。所以，对于给定的ARL_0，ARL_1较小的控制图被认为具有较好的性能。为了衡量本书提出的LOG图对过程尺度参数漂移的敏感性，将LOG图与基于Ansari-Bradley检验的非参数Shewhart控制图（简称AB图）和基于Mood检验的非参数Shewhart控制图（简称MOOD图）进行比较。

为了公平比较，对于所有考虑的控制图，选取$m=100$，$n=5$以及$ARL_0=500$，并考虑了如下四种不同类型的过程分布:①均匀分布$Uniform(-1,1)$（对称短尾）；

②正态分布$N(0,1)$（对称中尾）；③拉普拉斯分布$Laplace(0,1)$（对称长尾）；④指数分布$E(1)$（偏态）。更进一步，在受控状态下，将四个分布的观测值进行标准化，使它们的位置参数和尺度参数分别为0和1。在过程失控时，位置参数不变，考虑尺度参数从1漂移到δ的情况，取$\delta = 1.1, 1.2, 1.3, 1.4, 1.5, 1.6, 1.8, 2.0, 2.5, 3.0$。模拟结果见表2.3和2.4。表中每个单元格的第一行列出了对应的ARL值，括号内的值为SDRL，第二行列出了第5，25，50，75，95分位数。为了强调在不同情况下具有最优性能的控制图，即对应的ARL_1值最小，在表中用深灰色的阴影标注。

从表2.3和表2.4可以看出，在这四种不同类型的分布下，LOG图都表现最优，即LOG图在尺度参数发生不同漂移下的ARL_1值都是最小的。比如在正态分布下，当$\delta = 1.1$时，LOG图的$ARL_1 = 152.83$，而AB图和MOOD图的ARL_1值分别为189.55和177.27。

表 2.3 LOG图、AB图和MOOD图的性能比较，基于$Uniform(-1,1)$和$N(0,1)$分布($m=100, n=5$)

δ	Uniform(−1,1)			$N(0,1)$		
	LOG图	AB图	MOOD图	LOG图	AB图	MOOD图
1.0	502.94(826.79) 12,70,205,543,2077	504.29(752.89) 15,89,239,584,1928	495.97(751.37) 14,83,233,572,1900	505.30(827.72) 12,71,207,548,2088	502.05(744.93) 15,88,242,587,1890	503.16(768.31) 14,85,234,568,1947
1.1	24.54(26.19) 2,7,16,33,76	77.45(91.43) 4,19,48,102,249	57.65(66.39) 3,15,36,76,185	152.83(267.95) 5,27,71,172,557	189.55(284.74) 7,38,99,226,666	177.27(274.84) 6,35,91,211,624
1.2	9.50(9.26) 1,3,7,13,28	31.25(33.71) 2,9,21,42,97	21.86(22.97) 2,6,14,30,67	60.40(91.05) 2,12,32,72,214	88.90(125.29) 4,20,50,111,296	78.76(112.91) 3,17,43,96,267
1.3	5.63(5.20) 1,2,4,8,16	17.60(18.09) 1,5,12,24,53	12.04(12.05) 1,4,8,16,36	30.47(41.97) 2,7,17,37,104	48.34(62.29) 2,12,29,62,159	41.36(54.26) 2,10,24,52,136
1.4	3.91(3.44) 1,1,3,5,11	11.73(11.84) 1,4,8,16,35	8.11(7.83) 1,3,6,11,23	17.49(22.25) 1,4,10,22,57	30.14(35.61) 2,8,19,39,97	25.15(30.00) 2,7,16,33,80
1.5	3.03(2.50) 1,1,2,4,8	8.54(8.38) 1,3,6,11,25	5.98(5.60) 1,2,4,8,17	11.25(13.04) 1,3,7,15,35	20.46(22.96) 1,6,13,27,64	16.77(19.03) 1,5,11,22,53
1.6	2.53(1.99) 1,1,2,3,6	6.69(6.37) 1,2,5,9,19	4.71(4.25) 1,2,3,6,13	8.02(8.65) 1,2,5,11,24	14.91(16.30) 1,4,10,20,46	11.93(12.92) 1,3,8,16,36
1.8	1.95(1.38) 1,1,1,2,5	4.68(4.24) 1,2,3,6,13	3.34(2.85) 1,1,2,4,9	4.81(4.74) 1,2,3,6,14	9.11(9.30) 1,3,6,12,27	7.28(7.40) 1,2,5,10,22
2.0	1.66(1.06) 1,1,1,2,4	3.64(3.16) 1,1,3,5,10	2.64(2.13) 1,1,2,3,7	3.37(3.03) 1,1,2,4,9	6.38(6.20) 1,2,4,8,18	4.98(4.71) 1,2,3,7,14
2.5	1.33(0.66) 1,1,1,1,3	2.47(1.92) 1,1,2,3,6	1.88(1.28) 1,1,1,2,4	2.02(1.49) 1,1,1,3,5	3.62(3.17) 1,1,3,5,10	2.83(2.35) 1,1,2,4,7
3.0	1.20(0.49) 1,1,1,1,2	1.99(1.43) 1,1,1,2,5	1.57(0.94) 1,1,1,2,3	1.55(0.93) 1,1,1,2,3	2.62(2.10) 1,1,2,3,7	2.09(1.55) 1,1,2,3,5

表 2.4 LOG图、AB图和MOOD图的性能比较，基于$Laplace(0,1)$和$E(1)$分布($m=100, n=5$)

		$Laplace(0,1)$			$E(1)$	
δ	LOG图	AB图	MOOD图	LOG图	AB图	MOOD图
1.0	499.44(822.94)	503.69(747.03)	504.04(773.79)	502.79(824.08)	503.69(745.13)	509.39(779.82)
	12,71,203,538,2066	15,88,242,586,1910	15,83,232,580,1926	12,72,207,543,2063	15,89,245,589,1892	14,83,235,579,2004
1.1	226.62(404.90)	249.92(390.65)	240.35(393.84)	25.51(27.95)	69.11(81.63)	52.09(59.77)
	6,35,97,246,843	9,47,123,290,916	8,44,115,275,863	2,7,17,34,80	3,17,42,91,225	3,13,33,69,165
1.2	112.33(203.99)	138.91(213.35)	129.38(198.29)	9.90(9.91)	27.22(29.82)	19.75(21.00)
	4,20,52,124,403	5,28,73,167,479	5,26,67,155,454	1,3,7,13,29	2,7,18,36,84	1,6,13,26,61
1.3	63.83(102.78)	84.29(119.45)	75.36(107.37)	5.77(5.39)	15.28(15.72)	10.99(11.27)
	3,12,32,74,224	4,18,47,104,285	3,16,41,91,261	1,2,4,8,16	1,5,10,21,46	1,3,7,15,33
1.4	39.10(55.75)	55.25(72.37)	48.92(63.92)	4.05(3.63)	10.43(10.40)	7.38(7.09)
	2,9,21,47,134	3,13,32,70,183	2,11,28,61,165	1,1,3,5,11	1,3,7,14,31	1,2,5,10,21
1.5	26.58(37.53)	38.58(48.39)	33.62(42.45)	3.21(2.73)	7.64(7.48)	5.54(5.22)
	1,6,15,33,90	2,9,23,49,127	2,8,20,43,111	1,1,2,4,9	1,2,5,10,22	1,2,4,7,16
1.6	18.87(24.24)	28.35(34.06)	24.81(30.61)	2.63(2.13)	6.03(5.73)	4.40(3.96)
	1,5,11,24,63	2,7,17,37,91	1,6,15,32,81	1,1,2,3,7	1,2,4,8,17	1,2,3,6,12
1.8	10.99(13.11)	17.62(20.35)	14.84(17.15)	2.04(1.49)	4.27(3.84)	3.18(2.70)
	1,3,7,14,35	1,5,11,23,55	1,4,9,19,47	1,1,2,3,5	1,2,3,6,12	1,1,2,4,8
2.0	7.37(8.18)	11.94(12.72)	9.97(10.97)	1.73(1.13)	3.37(2.94)	2.54(2.00)
	1,2,5,10,23	1,4,8,16,37	1,3,6,13,31	1,1,1,2,4	1,1,2,4,9	1,1,2,3,7
2.5	3.75(3.57)	6.21(6.19)	5.12(4.98)	1.39(0.75)	2.34(1.81)	1.83(1.25)
	1,1,3,5,11	1,2,4,8,18	1,2,4,7,15	1,1,1,2,3	1,1,2,3,6	1,1,1,2,4
3.0	2.53(2.11)	4.13(3.79)	3.35(2.97)	1.23(0.53)	1.90(1.32)	1.53(0.91)
	1,1,2,3,7	1,1,3,5,12	1,1,2,4,9	1,1,1,1,2	1,1,1,2,5	1,1,1,2,3

2.4 实例应用

本节通过一个实例来说明LOG图的实际应用。数据来源于Montgomery（2009）。为了检测由注塑成型工艺制造的零部件的抗压强度，进行抗压强度试验，得到了20组样本，每组样本包含5个观测数据（见Montgomery（2009）的表6E.11）。为了检验这些样本是否受控，使用R软件包"dfphase1"中提供的阶段I非参数方法对这20组样本进行分析，具体参见Capizzi和Masarotto（2018）。分析结果显示没有失控点。因此，这20组样本被认为是受控的，可以作为参考样本，即 $m=100$。Montgomery（2009）的表6E.12给出了15组新的样本，即检验样本，每组样本同样包含5个观测数据，即 $n=5$。通过模拟得到了当 $m=100$，$n=5$ 以及 $ARL_0=500$ 时，LOG图、AB图和MOOD图的控制限分别为3.081，2.559和2.828，15个统计量和相应的控制限分别如图2.1中（a），（b）和（c）所示。

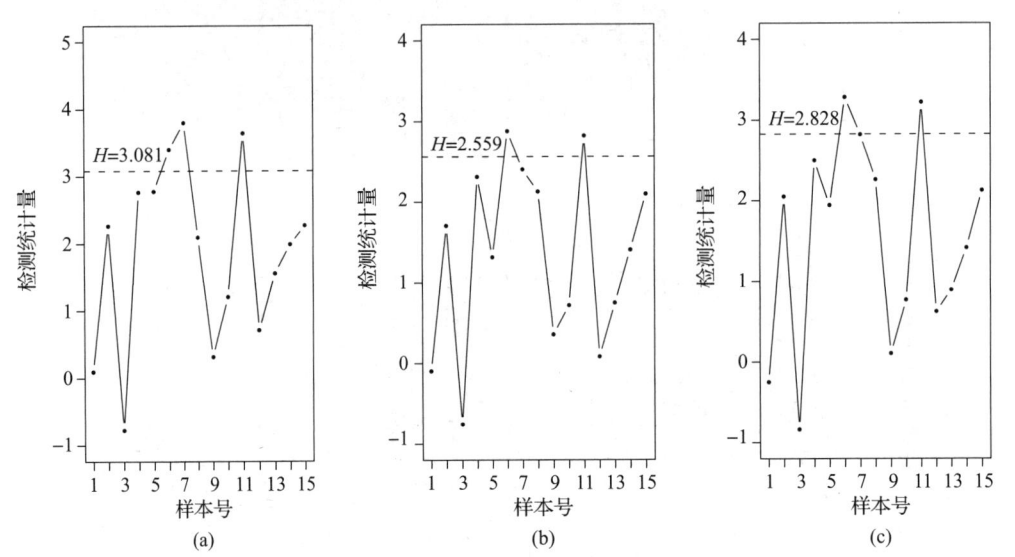

图 2.1 阶段II注塑工艺制造的零部件的抗压强度数据检测的LOG图、AB图和MOOD图的统计量 (a)LOG图；(b)AB图；(c)MOOD图

由图2.1可知，LOG图在第6、7和11个样本点发生报警，而AB图和MOOD图只在第6和11个样本点发生报警，说明LOG图在实际应用中是很有效的。

2.5 本章小结

本章基于在logistic分布下尺度参数的渐近局部最优势检验，提出了一个新的非参数Shewhart控制图，用于检测未知连续过程分布的尺度参数。本章以运行长度分布的均值、方差和分位数作为衡量控制图性能的指标，详细分析了LOG图在不同过程分布下受控和失控时的运行长度分布，并与基于Ansari-Bradley检验和Mood检验的非参数Shewhart控制图进行了比较。模拟结果表明，LOG图在所考虑的不同过程分布和不同漂移大小下，均表现最优。因此，本章提出的LOG图适用于过程分布未知时，生产过程中检测尺度参数变化的情况。在今后的研究中，可以考虑基于LOG检验的EWMA控制图和CUSUM控制图以及动态控制图等。

第3章 一类用于生产和服务过程位置和尺度参数联合监测的非参数EWMA控制图

3.1 引言

在实践中，可能出现的一种情况是过程位置参数和尺度参数混杂在一起，同时发生变化；或者事先并不知道哪个参数会出现变化，需要对两个参数的变化同时监控。因此，设计一个能够同时监控位置参数和尺度参数变化的非参数控制图就十分必要。Mukherjee和Chakraborti（2012）首次提出基于单个检验统计量联合检测位置参数和尺度参数的非参数控制图，更确切地说，是开发了一个基于Lepage统计量的Shewhart非参数控制图。随后，Chowdhury等（2014）基于Cucconi统计量设计了用于联合检测的Shewhart非参数控制图。宋赟等（2019）进一步基于Cucconi统计量构建EMWA控制图。众所周知，Lepage统计量是两个线性无关统计量的平方和，可以用于检测位置参数和尺度参数。以往的研究，认为Cucconi统计量与Lepage统计量不同，不能写成两个检验统计量的组合。事实上，本章研究表明，Cucconi统计量也可以分解为位置参数检验统计量和尺度参数检验统计量的平方和形式。值得注意的是，这种分解并不是唯一的。本章提出了三种类型的分解形式。

EWMA控制图的概念最初是由Roberts（1959）提出的。由于EWMA控制图在检测小到中等变化的过程参数时非常有效，因而在工业上得到了广泛的应用。Mukherjee（2017a）指出，对EWMA控制图的光滑参数做适当的调整，EWMA-Lepage控制图与相应的Shewhart控制图在检测位置参数或者尺度参数较大漂移时的效果也同样好。尽管如此，有关用于联合检测位置参数和尺度参数的非参数EWMA控制图的文献并不多。除了上述提到的文献Mukherjee（2017a），Mukherjee（2017b）提出了基于Cucconi统计量的非参数EWMA控制图。Li等（2018）也考虑了基于秩的EWMA控制图。然而，在文献中未发现基于Lepage和Cucconi两个分量的EWMA统计量的最大值构建的控制图，这种联合EWMA控制图被称为cEWMA控制图。本章基于Lepage和Cucconi统计量提出了六个非参数EWMA控制图，用于同时监控一元连续过程的位置参数和尺度参数，并详细比较了它们的性能，其中两个控制图是已有的EWMA-Lepage控制图和EWMA-Cucconi控制图，其他四个新的控制图是基于Lepage和Cucconi表达式中两个分量的EWMA统计量的最大值构造的。

本章其余部分的结构组织如下：3.2节首先回顾了分别基于Lepage和Cucconi统计量的两个EWMA控制图，然后提出了基于Lepage统计量的一个cEWMA控制图和基于Cucconi统计量的三个cEWMA控制图，并给出了上述六个控制图的设计方案；3.3节详细比较了六个控制图的性能；3.4节给出了一个应用实例；3.5节对本章内容进行了总结。

3.2 非参数EWMA控制图

假设$\boldsymbol{X_m} = (X_1, X_2, \cdots, X_m)$是来自阶段I独立同分布的历史参考样本，其连续累计分布函数为$F(x)$。在阶段I分析中参考样本的建立是一个重要的研究课题，感兴趣的读者可参见Jones-Farmer等（2014）以及Capizzi和Masarotto（2018）了解更多详情。在本章中，我们只关注阶段II分析。$\boldsymbol{Y}_j = (Y_{j1}, Y_{j2}, \cdots, Y_{jn})$，$j = 1, 2, \cdots$是来自阶段II样本容量为$n$的第$j$组检验样本，并假设与参考样本独立，其连续累计分布函数为$G(x)$。当过程受控时，$F = G$；当过程的位置参数或者尺度参数发生漂移，$G(x) = F(\frac{x - \theta}{\delta})$，$-\infty < \theta < \infty, \delta > 0$，其中$\theta$和$\delta$分别为未知的位置参数和尺度参数漂移大小。$\theta = 0$，$\delta = 1$表示过程受控；$\theta \neq 0$，$\delta = 1$表示只发生了位置参数漂移；$\theta = 0$，$\delta \neq 1$表示只发生了尺度参数漂移；$\theta \neq 0$，$\delta \neq 1$表示位置参数和尺度参数同时发生漂移。

3.2.1 Lepage统计量

Lepage统计量是用于检测位置参数的标准化Wilcoxon秩和（WRS）统计量和用于检测尺度参数的标准化Ansari-Bradley（AB）统计量的平方和。WRS统计量$T_{\text{W},j}$是第j个检验样本在混合样本$N(= m + n)$中的秩和，定义为

$$T_{\text{W},j} = \sum_{k=1}^{N} k I_k,$$

式中：I_k为示性函数，在混合样本中，若第k个顺序统计量是参考样本$\boldsymbol{X}$中的测量值，则$I_k = 0$；若第k个顺序统计量是检验样本$\boldsymbol{Y}_j$中的测量值，则$I_k = 1$。

AB统计量$T_{\text{AB},j}$定义为

$$T_{\text{AB},j} = \sum_{k=1}^{N} \left| k - \frac{N+1}{2} \right| I_k.$$

标准化的WRS和AB统计量分别为 $S_{\mathrm{W}_j} = \dfrac{T_{\mathrm{W},j} - \mu_{\mathrm{W}}}{\sigma_{\mathrm{W}}}$ 和 $S_{\mathrm{AB}_j} = \dfrac{T_{\mathrm{AB},j} - \mu_{\mathrm{AB}}}{\sigma_{\mathrm{AB}}}$，其中，$(\mu_{\mathrm{W}}, \sigma_{\mathrm{W}})$ 和 $(\mu_{\mathrm{AB}}, \sigma_{\mathrm{AB}})$ 分别是统计量 $T_{\mathrm{W},j}$ 和 $T_{\mathrm{AB},j}$ 在可控状态下的均值和方差：

$$\mu_{\mathrm{W}} = \frac{1}{2} n(N+1),$$

$$\sigma_{\mathrm{W}}^2 = \frac{1}{12} mn(N+1).$$

更进一步，

$$\mu_{\mathrm{AB}} = \begin{cases} \dfrac{n(N^2 - 1)}{4N} & \text{当} N \text{是奇数} \\ \dfrac{nN}{4} & \text{当} N \text{是偶数}, \end{cases}$$

$$\sigma_{\mathrm{AB}}^2 = \begin{cases} \dfrac{mn(N+1)(N^2 + 3)}{48N^2} & \text{当} N \text{是奇数} \\ \dfrac{mn(N^2 - 4)}{48(N-1)} & \text{当} N \text{是偶数}. \end{cases}$$

因而，Lepage统计量定义为 $S_j^2 = S_{\mathrm{W}_j}^2 + S_{\mathrm{AB}_j}^2$。

3.2.1.1 EWMA-Lepage统计量

Mukherjee（2017a）提出基于Lepage统计量的非参数EWMA控制图，用于阶段II联合监控过程位置参数和尺度参数，简称EL控制图。令 S_j 代表基于 m 个参考样本和第 j 个检验样本计算的Lepage统计量。由于 $E(S_j|\mathrm{IC}) = 2$，EL统计量定义为

$$R_{\mathrm{EL},j} = \max\{2, \lambda S_j + (1-\lambda) R_{\mathrm{EL},j-1}\}, \quad j = 1, 2, \cdots. \tag{3.1}$$

初始值 $R_{\mathrm{EL},0} = 2$，$0 < \lambda \leqslant 1$ 是光滑参数。注意到当 $\lambda = 1$，即为Shewhart控制图。

3.2.1.2 cEWMA-Lepage统计量

本小节分别基于Lepage统计量的位置参数检验和尺度参数检验构造两个EWMA统计量，并采用最大值方法联合，简称为cEWMA-Lepage（cEL）统计量。首先，基于Lepage统计量的两个分量 $S_{\mathrm{W},j}^2$ 和 $S_{\mathrm{AB},j}^2$ 定义EWMA统计量：

$$R_{1,j} = \lambda S_{\mathrm{W},j}^2 + (1-\lambda) R_{1,j-1};$$

$$R_{2,j} = \lambda S_{\mathrm{AB},j}^2 + (1-\lambda) R_{2,j-1}, \quad j = 1, 2, \cdots,$$

易知 $E\left(S_{\mathrm{W},j}^2\right) = E\left(S_{\mathrm{AB},j}^2\right) = 1$，因此初始值 $R_{1,0} = R_{2,0} = 1$。进一步，cEL检验统计量可定义为

$$R_{\mathrm{cEL},j} = \max\{R_{1,j}, R_{2,j}\}, \quad j = 1, 2, \cdots. \tag{3.2}$$

3.2.2 Cucconi型统计量

本小节将详细介绍EWMA-Cucconi统计量以及基于Cucconi统计量分解的三个cEWMA-Cucconi统计量,首先简要回顾一下Cucconi统计量。定义如下统计量:

$$T_{1,j} = T_{W,j} = \sum_{k=1}^{N} k I_k,$$

$$S_{1,j} = \sum_{k=1}^{N} k^2 I_k,$$

式中:$T_{1,j}$为WRS统计量用于检验位置参数;$S_{1,j}$为第j个检验样本在混合样本中秩的平方和。

进一步,第j个检验样本在混合样本中的反秩的平方和$S_{2,j}$可表示为

$$S_{2,j} = \sum_{k=1}^{N} (N+1-k)^2 I_k = n(N+1)^2 - 2(N+1)T_{1,j} + S_{1,j}.$$

定义下面的标准化统计量:$U_j = \dfrac{S_{1,j} - \mu_1}{\sigma_1}$,$V_j = \dfrac{S_{2,j} - \mu_2}{\sigma_2}$ 以及 $\rho = Corr(U_j, V_j | \text{IC})$,其中$(\mu_1, \mu_2)$和$(\sigma_1, \sigma_2)$分别为$S_{1,j}$和$S_{2,j}$的均值和标准差,$\rho$为$U_j$和$V_j$的相关系数。当过程可控时,

$$\mu_1 = \mu_2 = \frac{n(N+1)(2N+1)}{6},$$

$$\sigma_1 = \sigma_2 = \sqrt{\frac{mn}{180}(N+1)(2N+1)(8N+11)},$$

$$\rho = \frac{2(N^2 - 4)}{(2N+1)(8N+11)} - 1.$$

因而,Cucconi统计量定义为

$$C_j = \frac{U_j^2 + V_j^2 - 2\rho U_j V_j}{2(1-\rho^2)}.$$

3.2.2.1 EWMA-Cucconi统计量

Mukherjee(2017b)基于Cucconi统计量提出一个非参数的EWMA控制图,简称EC控制图,用于联合检测过程位置参数和尺度参数。EC控制图的检验统计量为如下形式:

$$E_j = \max\{1, \lambda C_j + (1-\lambda) E_{j-1}\}, \ j = 1, 2, \cdots.$$

由于$E(C_j | \text{IC}) = 1$,初始值$E_0 = 1$。

3.2.2.2　cEWMA-Cucconi统计量

正如3.1节中提到，Cucconi统计量也可以表示为两个线性无关统计量的平方和，一个用于检测位置参数，另一个用于检测尺度参数。这种对Cucconi统计量的分解不是唯一的，有三种不同的分解方式，表达式分别为

$$\text{分解1:}\ C = \frac{U^2}{2} + \frac{(V - \rho U)^2}{2(1 - \rho^2)};$$

$$\text{分解2:}\ C = \frac{(U - \rho V)^2}{2(1 - \rho^2)} + \frac{V^2}{2};$$

$$\text{分解3:}\ C = \frac{(U - V)^2}{4(1 - \rho)} + \frac{(U + V)^2}{4(1 + \rho)}.$$

因此，基于上述三个Cucconi统计量的分解表达式可以相应地构建三个cEWMA-Cucconi（cEC）统计量。

（1）cEC1统计量

假设$T_{11}^2 = U^2$，$T_{12}^2 = \frac{(V - \rho U)^2}{1 - \rho^2}$。由于$E(T_{11}^2|\text{IC}) = E(T_{12}^2|\text{IC}) = 1$，构造以下两个EWMA统计量：

$$E_{11,j} = \lambda T_{11,j}^2 + (1 - \lambda)E_{11,j-1},$$
$$E_{12,j} = \lambda T_{12,j}^2 + (1 - \lambda)E_{12,j-1},$$

初始值为$E_{11,0} = E_{12,0} = 1$。进而给出cEC1统计量：

$$E_{1,j} = \max\{E_{11,j}, E_{12,j}\},\ j = 1, 2, \cdots.$$

（2）cEC2统计量

假设$T_{21}^2 = \frac{(U - \rho V)^2}{1 - \rho^2}$，$T_{22}^2 = V^2$，考虑如下的EWMA统计量：

$$E_{21,j} = \lambda T_{21,j}^2 + (1 - \lambda)E_{21,j-1},$$
$$E_{22,j} = \lambda T_{22,j}^2 + (1 - \lambda)E_{22,j-1}.$$

由于$E(T_{21}^2|IC) = E(T_{22}^2|IC) = 1$，初始值为$E_{21,0} = E_{22,0} = 1$。于是，cEC2统计量为

$$E_{2,j} = \max\{E_{21,j}, E_{22,j}\},\ j = 1, 2, \cdots.$$

（3）cEC3统计量

假设$T_{31}^2 = \frac{(U - V)^2}{2(1 - \rho)}$，$T_{32}^2 = \frac{(U + V)^2}{2(1 + \rho)}$，给出下面的EWMA统计量：

$$E_{31,j} = \lambda T_{31,j}^2 + (1 - \lambda)E_{31,j-1},\ E_{32,j} = \lambda T_{32,j}^2 + (1 - \lambda)E_{32,j-1},$$

易知$E(T_{31}^2|\text{IC}) = E(T_{32}^2|\text{IC}) = 1$，初始值为$E_{31,0} = E_{32,0} = 1$。因而，cEC3统计量为
$$E_{3,j} = \max\{E_{31,j}, E_{32,j}\}, \quad j = 1, 2, \cdots.$$

3.2.3 控制图的设计与实施步骤

本小节将详细讨论基于EL、cEL、EC、cEC1、cEC2和cEC3统计量的控制图的设计方案与实施步骤。注意到上述六个控制图的检验统计量都是非负的，并且不论位置参数和尺度参数漂移的方向和大小，每个控制图的检验统计量的数值都会变大。因此，每个控制图只需要上控制限（Upper Control Limit，UCL）。

3.2.3.1 EL和cEL控制图的实施步骤

在实际中，EL和cEL控制图的具体实施步骤如下。

1) 选取来自阶段I可控过程的参考样本$\boldsymbol{X}_m = (X_1, X_2, \cdots, X_m)$，样本容量为$m$。

2) 设$\boldsymbol{Y}_j = (Y_{j1}, Y_{j2}, \cdots, Y_{jn})$, $j = 1, 2, \cdots$为来自阶段II第j个检验样本，样本容量为n。

3) 基于参考样本和第j个检验样本计算统计量$T_{\text{W},j}$和$T_{\text{AB},j}$，并根据$N = m + n$的奇偶性计算统计量的均值和方差。

4) （i）对于EL控制图，根据公式（3.1）计算检验统计量$R_{\text{EL},j}$, $j = 1, 2, \cdots$。
（ii）对于cEL控制图，首先计算两个EWMA统计量$R_{1,j}$和$R_{2,j}$，进而根据公式（3.2）计算检验统计量$R_{\text{cEL},j}$, $j = 1, 2, \cdots$。

5) 令H_{EL}和H_{cEL}分别代表EL和cEL控制图的上控制限。对于$j = 1, 2, \cdots$，比较检验统计量$R_{[S],j}$与相应的上控制限值$H_{[S]}$，其中$[S] = $EL或cEL。

6) 当检验统计量$R_{[S],j}$超过上控制限$H_{[S]}$，$[S] = $EL或cEL，控制图发出失控报警。此时，需要操作人员查找失控原因。否则，过程被认为受控，控制图将继续检测下一个检验样本。

3.2.3.2 EC、cEC1、cEC2和cEC3控制图的实施步骤

在实际中，EC、cEC1、cEC2和cEC3控制图的具体实施步骤如下。

1) 与第3.2.3.1节步骤1)相同。

2) 与第3.2.3.1节步骤2)相同。

3) （i）对于EC控制图，基于参考样本和第j个检验样本计算Cucconi统计量C_j，进而计算EC控制图的检验统计量$E_j = \max\{1, \lambda C_j + (1-\lambda)E_{j-1}\}$，

$j = 1, 2, \cdots$；

（ii）对于cEC[I]控制图，首先利用第3.2.2.2节中公式计算两个EWMA统计量$E_{[I]1,j}$和$E_{[I]2,j}$，$[I] = 1, 2, 3$，进而分别计算cEC[I]控制图的检验统计量$E_{[I],j}$，$[I] = 1, 2, 3$，$j = 1, 2, \cdots$。

4) 令H_{EC}和$H_{cEC[I]}$分别为EC控制图和cEC[I]，$[I] = 1, 2, 3$，控制图的上控制限。对于$j = 1, 2, \cdots$，将EC控制图的检验统计量E_j与相应的上控制限值H_{EC}比较，类似地，比较cEC[I]控制图的检验统计量$E_{[I],j}$与相应的上控制限值$H_{cEC[I]}$，$[I] = 1, 2, 3$。

5) 当检验统计量E_j超过上控制限H_{EC}，或检验统计量$E_{[I],j}$超过上控制限$H_{cEC[I]}$，$[I] = 1, 2, 3$，相应的控制图发出报警信号。此时，需要操作人员查找失控原因。否则，过程被认为受控，控制图将继续检测下一个检验样本。

3.3 数值结果与比较分析

在本节中，我们将详细比较所提出一系列控制图在过程失控时的性能，包括EL、cEL、EC、cEC1、cEC2和cEC3。ARL和SDRL是常用的控制图性能评价指标。但由于运行长度分布是右偏的，本节还给出了运行长度分布的五个分位数，包括第5、25、50、75和95分位数，用来进一步刻画控制图运行长度分布的特征。

3.3.1 控制限的确定

为了实际应用上述六个控制图，首先需要计算每个控制图的上控制限H，使得受控的ARL_0值等于给定值。利用Fortran软件，使用基于Monte-Carlo模拟的方法计算上控制限。由于所提出的控制图是非参数的，即受控运行长度分布与过程分布无关，选取来自标准正态分布的m个样本作为阶段I的参考样本，选取来自相同分布的n个样本作为阶段II的检验样本。模拟50 000次。选择参考样本容量m=50，100，300和500，以涵盖小到中等参考样本大小，检验样本容量$n = 5$和10，考虑λ值为0.05和0.1，并取定ARL_0值为250，370和500。表3.1列出了6个控制图对应上述不同（m，n，λ；ARL_0）组合的上控制限值。

表 3.1 不同参数组合下六个控制图的上控制限

控制图参数			EL 控制图			cEL 控制图			EC 控制图			cEC1 控制图			cEC2 控制图			cEC3 控制图		
λ	m	n	ARL_0			ARL_0			ARL_0			ARL_0			ARL_0			ARL_0		
			250	370	500	250	370	500	250	370	500	250	370	500	250	370	500	250	370	500
0.05	50	5	2.603	2.652	2.705	1.473	1.523	1.565	1.286	1.313	1.336	1.459	1.509	1.547	1.459	1.509	1.546	1.453	1.500	1.539
	50	10	2.578	2.634	2.677	1.445	1.494	1.538	1.285	1.309	1.330	1.443	1.494	1.533	1.442	1.494	1.532	1.443	1.490	1.534
	50	15	2.541	2.591	2.631	1.383	1.438	1.481	1.278	1.292	1.311	1.395	1.444	1.486	1.396	1.444	1.485	1.394	1.443	1.483
	100	5	2.675	2.738	2.788	1.518	1.570	1.609	1.330	1.362	1.386	1.509	1.561	1.603	1.509	1.560	1.603	1.501	1.548	1.585
	100	10	2.674	2.735	2.783	1.521	1.575	1.618	1.329	1.359	1.382	1.514	1.568	1.609	1.517	1.569	1.611	1.513	1.566	1.607
	100	15	2.651	2.713	2.759	1.499	1.551	1.597	1.321	1.350	1.373	1.497	1.551	1.593	1.501	1.552	1.592	1.500	1.550	1.593
	300	5	2.733	2.803	2.855	1.547	1.600	1.639	1.373	1.409	1.439	1.558	1.616	1.661	1.560	1.616	1.662	1.541	1.594	1.633
	300	10	2.750	2.820	2.873	1.569	1.630	1.670	1.372	1.407	1.434	1.570	1.628	1.670	1.570	1.628	1.672	1.564	1.620	1.661
	300	15	2.749	2.818	2.872	1.575	1.632	1.674	1.370	1.405	1.431	1.572	1.629	1.672	1.572	1.629	1.673	1.569	1.625	1.668
	500	5	2.746	2.817	2.871	1.552	1.607	1.645	1.383	1.421	1.451	1.628	1.630	1.676	1.570	1.631	1.675	1.552	1.606	1.646
	500	10	2.762	2.836	2.890	1.580	1.638	1.679	1.382	1.420	1.447	1.580	1.640	1.685	1.579	1.639	1.684	1.575	1.629	1.674
	500	15	2.770	2.840	2.895	1.585	1.645	1.688	1.381	1.419	1.445	1.581	1.642	1.686	1.583	1.644	1.688	1.579	1.639	1.683
0.1	50	5	3.053	3.147	3.222	1.860	1.938	1.998	1.502	1.549	1.587	1.840	1.912	1.974	1.840	1.911	1.974	1.833	1.901	1.956
	50	10	3.030	3.117	3.185	1.851	1.927	1.991	1.499	1.541	1.574	1.839	1.910	1.973	1.839	1.910	1.973	1.838	1.915	1.974
	50	15	2.978	3.058	3.122	1.785	1.862	1.925	1.482	1.520	1.551	1.791	1.862	1.923	1.792	1.862	1.924	1.790	1.864	1.926
	100	5	3.169	3.267	3.339	1.919	1.996	2.050	1.577	1.629	1.671	1.916	2.001	2.066	1.916	2.002	2.066	1.892	1.965	2.024
	100	10	3.166	3.262	3.338	1.943	2.029	2.091	1.569	1.615	1.652	1.932	2.014	2.077	1.932	2.014	2.077	1.931	2.009	2.070
	100	15	3.142	3.237	3.305	1.929	2.008	2.075	1.559	1.606	1.641	1.918	1.997	2.061	1.918	1.996	2.062	1.919	1.997	2.059
	300	5	3.249	3.359	3.439	1.953	2.030	2.088	1.645	1.705	1.751	1.997	2.088	2.159	1.997	2.088	2.159	1.950	2.033	2.095
	300	10	3.272	3.382	3.464	2.009	2.093	2.158	1.635	1.691	1.734	2.009	2.096	2.166	2.009	2.095	2.166	1.993	2.080	2.145
	300	15	3.270	3.380	3.463	2.019	2.107	2.173	1.632	1.686	1.726	2.011	2.102	2.172	2.011	2.102	2.173	2.004	2.093	2.159
	500	5	3.265	3.375	3.461	1.958	2.035	2.095	1.663	1.723	1.770	2.017	2.113	2.187	2.017	2.113	2.187	1.967	2.049	2.114
	500	10	3.296	3.406	3.491	2.014	2.103	2.169	1.651	1.712	1.756	2.026	2.120	2.192	2.026	2.121	2.192	2.010	2.099	2.163
	500	15	3.304	3.414	3.499	2.032	2.121	2.189	1.647	1.706	1.749	2.034	2.125	2.196	2.034	2.125	2.197	2.028	2.114	2.182

3.3.2 控制图的失控性能比较

为了比较上述六个控制图在过程失控时的性能，考虑位置-尺度分布族中具有代表性的四个对称分布和三个偏态分布。

四个对称分布如下：

1) 区间 $(\theta-\delta,\theta+\delta)$ 上的均匀分布（短尾对称分布），均值和标准差分别为 θ 和 $\dfrac{\delta^2}{3}$，简记为 $Uniform(\theta,\delta)$；
2) 正态分布（中尾对称分布），均值为 θ，标准差为 δ，简记为 $N(\theta,\delta)$；
3) Laplace 分布（重尾对称分布），均值和标准差分别为 θ 和 $\delta\sqrt{2}$，简记为 Laplace(θ,δ)；
4) 柯西分布（重尾对称分布），简记为 Cauchy(θ,δ)，不存在均值和方差。

三个偏态分布如下：

1) Rayleigh 分布，简记为 Rayleigh(θ,δ)，可控样本取自 Rayleigh$(0,1)$，而检验样本来自 Rayleigh(θ,δ)，其概率密度函数为
$$f(x)=\frac{1}{\delta}z\mathrm{e}^{-\frac{1}{2}z^2},\ z=\frac{x-\theta}{\delta},\ x\in[\theta,\infty)$$
2) Gumbel 分布，简记为 Gumbel(θ,δ)，可控样本取自 Gumbel$(0,1)$，而检验样本来自 Gumbel(θ,δ)，其概率密度函数为 $f(x)=\dfrac{1}{\delta}\mathrm{e}^{-z-\mathrm{e}^{-z}}$，$z=\dfrac{x-\theta}{\delta}$；
3) 双参数指数分布，简记为 SE(θ,δ)，受控样本取自 SE$(0,1)$，而检验样本来自 SE(θ,δ)，其概率密度函数为 $f(x)=\dfrac{1}{\delta}\mathrm{e}^{-\frac{1}{\delta}(x-\theta)}$，$x\in[\theta,\infty)$，均值为 $\theta+\delta$，方差为 δ^2。

为了深入研究所提出的控制图在位置参数和尺度参数不同漂移时的检测效率，共考虑以下三种类型漂移。

1) 只有位置参数发生漂移：即 θ 变化，$\delta=1$，其中 $\theta=0$，± 0.5，± 1，± 1.5 和 ± 2。
2) 只有尺度参数发生漂移：即 δ 变化，$\theta=0$，其中 $\delta=0.5$，1，1.25，1.5，1.75 和 2。
3) 3 种位置参数和尺度参数同时发生漂移情况：首先，考虑漂移 $(\theta,\delta=\mathrm{e}^{\theta})$，其中 $\theta=0$，± 0.5，± 1，± 1.5 和 ± 2；其次，考虑漂移 $(\theta,\delta=\mathrm{e}^{\theta/2})$，其中 $\theta=0$，± 0.5，± 1，± 1.5 和 ± 2；最后，考虑漂移 $(\theta,\delta=\mathrm{e}^{2\theta})$，其中 $\theta=0$，± 0.25，± 0.5 和 ± 1。

表3.2至表3.8给出了上述不同分布和不同漂移下六个控制图的运行长度分布特征。简便起见，只列出$m=100$，$n=5$，$\lambda=0.05$和$ARL_0=500$的模拟结果。表中每个单元格的第一行列出了对应的ARL值，括号内的值为SDRL值，第二行列出了第5，25，50，75，95分位数（按此顺序）。为了强调在不同情况下具有最优性能的控制图，即对应的ARL_1值最小，在表中用深灰色的阴影标注。

表 3.2 控制图的性能比较，基于 $N(\theta,\delta)$ 分布（$(m,n;\lambda)=(100,5;0.05)$，$ARL_0=500$）

θ	δ	EC控制图	cEC1控制图	cEC2控制图	cEC3控制图	EL控制图	cEL控制图
0	1	501.82(831.61) 17,70,197,531,2132	499.95(818.02) 17,70,197,541,2062	504.99(823.77) 16,72,203,549,2095	499.26(798.52) 18,75,208,550,2027	504.25(773.27) 20,84,226,573,1961	502.54(762.52) 21,87,230,571,1936
单一位置参数漂移							
−2	1	1.43(0.57) 1,1,1,2,2	1.54(0.66) 1,1,1,2,3	1.36(0.51) 1,1,1,2,2	1.80(0.53) 1,1,2,2,3	1.57(0.61) 1,1,2,2,3	1.96(0.44) 1,2,2,2,3
−1.5	1	2.20(1.02) 1,2,2,3,4	2.58(1.30) 1,2,2,3,5	1.96(0.82) 1,1,2,2,3	2.45(0.82) 1,2,2,3,4	2.41(1.06) 1,2,2,3,4	2.56(0.82) 2,2,2,3,4
−1	1	4.77(2.93) 1,3,4,6,10	5.79(3.27) 2,3,5,7,12	3.80(2.10) 1,2,3,5,8	4.54(2.23) 2,3,4,6,9	5.18(3.04) 2,3,5,7,11	4.76(2.33) 2,3,4,6,9
−0.5	1	30.55(53.84) 4,9,17,32,95	37.17(73.75) 5,12,21,39,113	19.14(37.08) 3,7,12,21,54	24.41(38.95) 4,9,15,27,69	32.88(57.80) 5,11,19,35,101	26.19(41.46) 5,10,16,29,75
0.5	1	30.45(54.18) 4,9,17,33,95	19.08(28.06) 3,7,12,21,54	37.52(74.49) 5,12,21,39,112	24.73(41.67) 4,9,15,27,71	33.12(63.53) 5,11,19,35,101	26.46(43.89) 5,10,16,29,77
1	1	4.78(2.94) 2,3,4,6,10	3.78(2.09) 1,2,3,5,8	5.78(3.27) 2,3,5,7,12	4.56(2.26) 2,3,4,6,9	5.18(3.03) 2,3,5,7,11	4.78(2.34) 2,3,4,6,9
1.5	1	2.21(1.03) 1,2,2,3,4	1.96(0.82) 1,1,2,2,3	2.58(1.30) 1,2,2,3,5	2.45(0.83) 1,2,2,3,4	2.41(1.06) 1,2,2,3,4	2.57(0.81) 2,2,2,3,4
2	1	1.43(0.56) 1,1,1,2,2	1.35(0.51) 1,1,1,2,2	1.54(0.66) 1,1,1,2,3	1.79(0.53) 1,1,2,2,3	1.57(0.62) 1,1,2,2,3	1.96(0.44) 1,2,2,2,3
单一尺度参数漂移							
0	0.5	99.27(424.98) 11,17,26,49,245	17.67(67.17) 6,8,11,17,39	17.39(61.41) 6,8,11,17,39	13.41(40.49) 5,7,10,14,29	54.66(263.11) 6,11,18,32,132	12.87(47.98) 3,6,9,13,30

28

表3.2(续表)

θ	δ	EC 控制图	cEC1控制图	cEC2控制图	cEC3控制图	EL控制图	cEL控制图
0	1.25	38.20(51.64)	41.03(58.20)	41.03(57.89)	41.56(63.60)	57.70(78.87)	68.71(99.96)
		5,12,23,44,120	5,13,24,47,129	5,13,24,47,129	5,13,24,47,131	7,17,34,68,186	8,20,39,78,227
0	1.5	12.12(9.80)	12.33(10.30)	12.28(10.21)	11.93(10.12)	17.67(15.30)	19.24(16.95)
		3,6,10,15,30	2,6,10,16,31	2,6,10,16,31	2,6,9,15,30	4,8,13,22,45	4,9,15,24,50
0	1.75	7.00(4.57)	6.82(4.58)	6.90(4.63)	6.56(4.34)	9.92(6.56)	10.09(6.78)
		2,4,6,9,16	2,4,6,9,16	2,4,6,9,16	2,4,6,8,15	3,5,8,13,22	3,5,8,13,23
0	2	4.94(2.87)	4.82(2.93)	4.80(2.93)	4.61(2.76)	6.96(4.02)	6.91(4.03)
		2,3,4,6,10	1,3,4,6,10	1,3,4,6,10	1,3,4,6,10	2,4,6,9,15	2,4,6,9,15
位置和尺度参数同时漂移($\theta, \delta = e^{\theta}$)							
−2	0.14	1.01(0.07)	1.02(0.13)	1.00(0.03)	1.27(0.45)	1.01(0.10)	1.65(0.48)
		1,1,1,1,1	1,1,1,1,1	1,1,1,1,1	1,1,1,2,2	1,1,1,1,1	1,1,2,2,2
−1.5	0.22	1.52(0.54)	1.79(0.66)	1.31(0.47)	1.95(0.23)	1.61(0.51)	2.00(0.11)
		1,1,2,2,2	1,1,2,2,3	1,1,1,2,2	1,2,2,2,2	1,1,2,2,2	2,2,2,2,2
−1	0.37	4.12(1.79)	3.84(0.78)	3.00(1.38)	3.03(0.96)	4.04(1.93)	3.15(1.00)
		2,3,4,5,8	3,3,4,4,5	2,2,3,3,5	2,2,3,3,5	2,3,4,5,8	2,3,3,4,5
−0.5	0.61	39.10(106.74)	22.96(41.24)	25.13(34.69)	23.16(36.59)	32.48(69.26)	21.70(27.85)
		7,15,23,38,101	6,10,14,23,62	5,10,18,30,67	5,9,15,26,64	7,13,21,34,84	5,9,15,25,58
0.5	1.65	6.47(4.27)	7.07(4.68)	6.00(4.04)	6.68(4.39)	8.56(5.58)	9.66(6.35)
		2,4,5,8,14	2,4,6,9,16	2,3,5,8,14	2,4,6,9,15	2,5,7,11,19	3,5,8,12,22
1	2.72	2.58(1.27)	2.76(1.39)	2.32(1.18)	2.50(1.25)	3.48(1.65)	3.57(1.67)
		1,2,2,3,5	1,2,3,3,5	1,1,2,3,5	1,2,2,3,5	1,2,3,4,7	2,2,3,4,7
1.5	4.48	1.78(0.78)	1.83(0.81)	1.62(0.71)	1.68(0.73)	2.45(0.98)	2.32(0.96)
		1,1,2,2,3	1,1,2,2,3	1,1,2,2,3	1,1,2,2,3	1,2,2,3,4	1,2,2,3,4

表3.2(续表)

θ	δ	EC 控制图	cEC1控制图	cEC2控制图	cEC3控制图	EL控制图	cEL控制图
2	7.39	1.46(0.58)	1.45(0.59)	1.35(0.53)	1.37(0.53)	2.04(0.71)	1.80(0.72)
		1,1,1,2,2	1,1,1,2,2	1,1,1,2,2	1,1,1,2,2	1,2,2,2,3	1,1,2,2,3
位置和尺度参数同时漂移($\theta, \delta = e^{\frac{\theta}{2}}$)							
−2	0.37	1.03(0.16)	1.06(0.25)	1.01(0.09)	1.41(0.49)	1.05(0.22)	1.75(0.43)
		1,1,1,1,1	1,1,1,1,2	1,1,1,1,1	1,1,1,2,2	1,1,1,1,2	1,1,2,2,2
−1.5	0.47	1.69(0.62)	2.00(0.79)	1.49(0.53)	1.98(0.30)	1.79(0.57)	2.04(0.24)
		1,1,2,2,3	1,1,2,2,3	1,1,1,2,2	1,2,2,2,2	1,1,2,2,3	2,2,2,2,3
−1	0.61	4.49(2.33)	4.56(1.41)	3.28(1.65)	3.49(1.33)	4.53(2.32)	3.61(1.38)
		2,3,4,6,9	2,4,4,5,7	2,2,3,4,6	2,3,3,4,6	2,3,4,6,9	2,3,3,4,6
−0.5	0.78	62.40(184.86)	45.52(142.88)	33.91(88.65)	32.48(84.75)	50.07(132.34)	29.95(66.97)
		6,14,25,53,201	7,13,20,37,133	4,9,16,32,109	5,9,16,30,99	6,13,24,47,156	5,10,16,30,88
0.5	1.28	12.46(11.34)	11.89(10.35)	13.29(12.82)	13.86(12.18)	15.66(14.70)	17.68(15.57)
		3,6,9,15,32	2,6,9,15,30	2,6,10,17,35	3,6,11,17,35	3,7,12,19,40	4,8,13,22,45
1	1.65	3.89(2.25)	4.09(2.36)	3.85(2.33)	4.43(2.49)	4.79(2.70)	5.61(3.01)
		1,2,3,5,8	1,2,4,5,8	1,2,3,5,8	1,3,4,6,9	2,3,4,6,10	2,3,5,7,11
1.5	2.12	2.45(1.24)	2.68(1.37)	2.32(1.21)	2.72(1.34)	3.03(1.47)	3.55(1.64)
		1,2,2,3,5	1,2,2,3,5	1,1,2,3,5	1,2,2,3,5	1,2,3,4,6	2,2,3,4,7
2	2.72	1.95(0.91)	2.13(1.00)	1.81(0.85)	2.09(0.95)	2.45(1.10)	2.77(1.18)
		1,1,2,2,4	1,1,2,3,4	1,1,2,2,3	1,1,2,3,4	1,2,2,3,4	1,2,3,3,5
位置和尺度参数同时漂移($\theta, \delta = e^{2\theta}$)							
−1	0.14	4.02(1.65)	3.42(0.60)	2.87(1.35)	2.80(0.82)	3.82(2.09)	2.91(0.85)
		2,3,4,5,7	3,3,3,4,4	2,2,3,3,5	2,2,3,3,4	2,3,3,4,8	2,2,3,3,4
−0.5	0.37	12.84(3.74)	10.39(4.89)	11.54(5.59)	11.84(5.73)	13.79(5.16)	12.07(6.56)
		8,11,12,15,19	5,7,9,13,20	5,7,10,15,22	5,8,11,15,22	7,10,13,16,22	4,7,11,15,24

表3.2(续表)

θ	δ	EC 控制图	cEC1控制图	cEC2控制图	cEC3控制图	EL控制图	cEL控制图
−0.25	0.61	397.37(937.96) 18,38,82,243,2150	135.00(392.80) 12,24,44,100,452	63.34(223.55) 8,15,25,49,181	72.18(217.09) 9,17,30,60,223	188.37(560.40) 11,24,47,115,719	61.32(208.79) 6,13,24,49,181
0.25	1.65	7.77(5.28) 2,4,7,10,18	8.32(5.89) 2,4,7,11,19	7.35(5.22) 2,4,6,9,17	7.69(5.43) 2,4,6,10,18	10.91(7.64) 3,6,9,14,25	11.71(8.38) 3,6,10,15,27
0.5	2.72	2.87(1.43) 1,2,3,4,6	2.90(1.51) 1,2,3,4,6	2.61(1.36) 1,2,2,3,5	2.65(1.35) 1,2,2,3,5	3.98(1.90) 2,3,4,5,8	3.85(1.84) 2,2,3,5,7
1	7.39	1.49(0.60) 1,1,1,2,2	1.45(0.59) 1,1,1,2,2	1.39(0.56) 1,1,1,2,2	1.38(0.54) 1,1,1,2,2	2.11(0.72) 1,2,2,2,3	1.82(0.73) 1,1,2,2,3

表 3.3 控制图的性能比较，基于$Uniform(\theta,\delta)$分布($(m,n;\lambda)$=(100,5;0.05)，ARL_0=500)

θ	δ	EC控制图	cEC1控制图	cEC2控制图	cEC3控制图	EL控制图	cEL控制图
0	1	499.85(823.87)	503.44(819.34)	498.12(817.92)	501.91(805.31)	505.18(775.09)	502.00(762.89)
		16,70,196,536,2097	16,72,201,549,2093	16,70,199,535,2079	17,73,206,571,1976	21,87,226,	21,88,232,571,1926
单一位置参数漂移							
−2	1	1.00(0.00)	1.00(0.00)	1.00(0.00)	1.00(0.00)	1.00(0.00)	1.00(0.00)
		1,1,1,1,1	1,1,1,1,1	1,1,1,1,1	1,1,1,1,1	1,1,1,1,1	1,1,1,1,1
−1.5	1	1.08(0.28)	1.12(0.33)	1.05(0.22)	1.37(0.48)	1.15(0.36)	1.60(0.49)
		1,1,1,1,2	1,1,1,1,2	1,1,1,1,1	1,1,1,2,2	1,1,1,1,2	1,1,2,2,2
−1	1	1.95(0.90)	2.22(1.15)	1.77(0.73)	2.22(0.72)	2.27(1.00)	2.32(0.70)
		1,1,2,2,4	1,1,2,3,4	1,1,2,2,3	1,2,2,3,3	1,2,2,3,4	1,2,2,3,4
−0.5	1	6.60(4.39)	8.04(5.28)	5.33(3.32)	6.75(4.07)	7.76(4.98)	7.11(4.24)
		2,4,6,9,15	2,4,7,10,18	2,3,5,7,12	2,4,6,8,14	2,4,7,10,17	2,4,6,9,15
0.5	1	6.57(4.38)	5.36(3.34)	8.03(5.31)	6.72(4.00)	7.83(5.09)	7.08(4.23)
		2,4,6,8,15	2,3,5,7,12	2,4,7,11,18	2,4,6,8,14	2,4,7,10,17	2,4,6,9,15
1	1	1.96(0.92)	1.78(0.74)	2.23(1.15)	2.22(0.72)	2.26(0.99)	2.32(0.70)
		1,1,2,2,4	1,1,2,2,3	1,1,2,3,4	1,2,2,3,3	1,2,2,3,4	1,2,2,3,4
1.5	1	1.08(0.28)	1.05(0.22)	1.12(0.33)	1.37(0.48)	1.15(0.35)	1.60(0.49)
		1,1,1,1,2	1,1,1,1,2	1,1,1,1,2	1,1,1,2,2	1,1,1,1,2	1,1,2,2,2
2	1	1.00(0.00)	1.00(0.00)	1.00(0.00)	1.00(0.00)	1.00(0.00)	1.00(0.00)
		1,1,1,1,1	1,1,1,1,1	1,1,1,1,1	1,1,1,1,1	1,1,1,1,1	1,1,1,1,1
单一尺度参数漂移							
0	0.5	16.89(78.43)	7.75(5.08)	7.83(22.79)	6.66(3.85)	18.43(106.82)	6.76(7.29)
		7,9,12,16,31	4,5,7,9,14	4,5,7,9,14	4,5,6,7,12	5,7,10,15,37	3,4,6,8,14

表3.3(续表)

θ	δ	EC 控制图	cEC1控制图	cEC2控制图	cEC3控制图	EL控制图	cEL控制图
0	1.25	12.85(9.87) 3,6,10,16,32	13.03(10.13) 2,6,10,17,32	13.08(10.13) 2,6,11,17,32	12.53(9.63) 2,6,10,16,31	21.37(17.82) 4,10,16,27,55	23.19(19.34) 5,10,18,30,60
0	1.5	5.85(3.59) 2,3,5,8,13	5.73(3.65) 1,3,5,7,13	5.78(3.69) 1,3,5,8,13	5.51(3.48) 1,3,5,7,12	9.11(5.75) 3,5,8,12,20	9.18(5.86) 3,5,8,12,20
0	1.75	4.02(2.24) 1,2,4,5,8	3.87(2.26) 1,2,3,5,8	3.87(2.27) 1,2,3,5,8	3.69(2.13) 1,2,3,5,8	6.04(3.35) 2,4,5,8,12	5.90(3.37) 2,3,5,8,12
0	2	3.20(1.69) 1,2,3,4,6	3.05(1.68) 1,2,3,4,6	3.06(1.70) 1,2,3,4,6	2.92(1.57) 1,2,3,4,6	4.72(2.42) 2,3,4,6,9	4.50(2.42) 2,3,4,6,9
位置和尺度参数同时漂移($\theta, \delta = e^{\theta}$)							
−2	0.14	1.00(0.00) 1,1,1,1,1	1.00(0.00) 1,1,1,1,1	1.00(0.00) 1,1,1,1,1	1.00(0.00) 1,1,1,1,1	1.00(0.00) 1,1,1,1,1	1.00(0.00) 1,1,1,1,1
−1.5	0.22	1.00(0.00) 1,1,1,1,1	1.00(0.00) 1,1,1,1,1	1.00(0.00) 1,1,1,1,1	1.00(0.00) 1,1,1,1,1	1.00(0.00) 1,1,1,1,1	1.00(0.00) 1,1,1,1,1
−1	0.37	1.17(0.38) 1,1,1,1,2	1.25(0.46) 1,1,1,1,2	1.10(0.30) 1,1,1,1,2	1.60(0.49) 1,1,2,2,2	1.26(0.44) 1,1,1,2,2	1.84(0.37) 1,2,2,2,2
−0.5	0.61	7.37(4.25) 2,5,7,9,15	6.99(3.20) 4,5,6,8,12	5.85(3.83) 2,3,5,7,13	5.86(3.27) 3,4,5,7,12	7.29(3.65) 3,5,7,9,14	5.94(3.09) 3,4,5,7,12
0.5	1.65	3.97(2.33) 1,2,4,5,8	4.45(2.62) 1,3,4,6,9	3.64(2.19) 1,2,3,5,8	4.22(2.46) 1,2,4,5,9	5.39(3.13) 2,3,5,7,11	6.20(3.53) 2,4,5,8,13
1	2.72	2.07(1.01) 1,1,2,3,4	2.24(1.11) 1,1,2,3,4	1.88(0.93) 1,1,2,2,4	2.08(0.98) 1,1,2,3,4	2.79(1.32) 1,2,3,3,5	2.91(1.41) 1,2,3,4,5
1.5	4.48	1.58(0.67) 1,1,1,2,3	1.64(0.71) 1,1,2,2,3	1.44(0.61) 1,1,1,2,3	1.54(0.63) 1,1,1,2,3	2.15(0.88) 1,2,2,3,4	2.01(0.92) 1,1,2,3,4

表3.3(续表)

θ	δ	EC 控制图	cEC1控制图	cEC2控制图	cEC3控制图	EL控制图	cEL控制图
2	7.39	1.36(0.53) 1,1,1,2,2	1.36(0.54) 1,1,1,2,2	1.26(0.46) 1,1,1,1,2	1.31(0.49) 1,1,1,2,2	1.89(0.68) 1,1,2,2,3	1.59(0.70) 1,1,1,2,3
位置和尺度参数同时漂移($\theta, \delta = e^{\frac{\theta}{2}}$)							
−2	0.37	1.00(0.00) 1,1,1,1,1	1.00(0.00) 1,1,1,1,1	1.00(0.00) 1,1,1,1,1	1.00(0.00) 1,1,1,1,1	1.00(0.00) 1,1,1,1,1	1.00(0.00) 1,1,1,1,1
-1.5	0.47	1.00(0.00) 1,1,1,1,1	1.00(0.00) 1,1,1,1,1	1.00(0.00) 1,1,1,1,1	1.00(0.00) 1,1,1,1,1	1.00(0.00) 1,1,1,1,1	1.00(0.00) 1,1,1,1,1
−1	0.61	1.47(0.58) 1,1,1,2,2	1.64(0.72) 1,1,2,2,3	1.36(0.50) 1,1,1,2,2	1.82(0.45) 1,2,2,2,2	1.62(0.59) 1,1,2,2,2	1.94(0.36) 1,2,2,2,2
−0.5	0.78	6.95(4.37) 2,4,6,9,15	7.99(4.52) 2,5,7,10,16	5.40(3.40) 2,3,5,7,12	6.05(3.44) 2,4,5,7,12	7.50(4.35) 2,5,7,9,15	6.29(3.53) 3,4,5,8,13
0.5	1.28	5.79(3.82) 1,3,5,8,13	5.41(3.40) 1,3,5,7,12	6.01(3.98) 1,3,5,8,14	6.96(4.26) 2,4,6,9,15	7.26(4.70) 2,4,6,9,16	8.08(4.94) 2,5,7,10,17
1	1.65	2.57(1.46) 1,1,2,3,5	2.53(1.28) 1,2,2,3,5	2.68(1.57) 1,2,2,3,6	3.17(1.54) 1,2,3,4,6	3.16(1.65) 1,2,3,4,6	3.51(1.63) 1,2,3,4,7
1.5	2.12	1.85(0.96) 1,1,2,2,4	1.91(0.87) 1,1,2,2,3	1.89(1.01) 1,1,2,2,4	2.34(1.01) 1,2,2,3,4	2.29(1.08) 1,2,2,3,4	2.59(1.09) 1,2,2,3,5
2	2.72	1.59(0.78) 1,1,1,2,3	1.73(0.76) 1,1,2,2,3	1.59(0.79) 1,1,1,2,3	2.01(0.86) 1,1,2,2,4	1.99(0.87) 1,1,2,2,4	2.30(0.96) 1,2,2,3,4
位置和尺度参数同时漂移($\theta, \delta = e^{2\theta}$)							
−1	0.14	1.00(0.05) 1,1,1,1,1	1.01(0.09) 1,1,1,1,1	1.00(0.03) 1,1,1,1,1	1.12(0.32) 1,1,1,1,2	1.01(0.07) 1,1,1,1,1	1.42(0.49) 1,1,1,2,2
-0.5	0.37	8.52(2.92) 4,6,8,10,13	5.76(1.87) 4,5,5,6,9	7.74(4.46) 3,4,7,10,17	6.23(3.30) 3,4,5,7,13	8.86(3.28) 4,6,9,11,14	6.34(3.10) 3,4,5,8,13

表3.3(续表)

θ	δ	EC控制图	cEC1控制图	cEC2控制图	cEC3控制图	EL控制图	cEL控制图
−0.25	0.61	60.51(262.69) 11,17,24,40,135	32.72(67.75) 8,14,21,34,84	21.98(66.77) 6,10,15,23,50	25.13(58.36) 7,11,18,28,60	44.66(206.68) 8,13,19,30,100	22.46(60.88) 5,9,15,24,55
0.25	1.65	4.40(2.54) 1,3,4,6,9	4.67(2.81) 1,3,4,6,10	4.02(2.43) 1,2,4,5,9	4.24(2.51) 1,2,4,5,9	6.48(3.73) 2,4,6,8,14	6.70(3.91) 2,4,6,9,14
0.5	2.72	2.21(1.05) 1,1,2,3,4	2.24(1.10) 1,1,2,3,4	2.00(0.99) 1,1,2,2,4	2.07(0.98) 1,1,2,3,4	3.11(1.42) 1,2,3,4,6	2.97(1.44) 1,2,3,4,6
1	7.39	1.38(0.54) 1,1,1,2,2	1.35(0.53) 1,1,1,2,2	1.29(0.49) 1,1,1,2,2	1.30(0.48) 1,1,1,2,2	1.96(0.68) 1,2,2,2,3	1.59(0.70) 1,1,1,2,3

表 3.4　控制图的性能比较，基于$Laplace(\theta,\delta)$分布($(m,n;\lambda)$=(100,5;0.05)，ARL_0=500)

θ	δ	EC控制图	cEC1控制图	cEC2控制图	cEC3控制图	EL控制图	cEL控制图
0	1	497.85(822.95) 17,70,195,535,2069	498.35(807.69) 16,72,203,542,2055	499.10(812.78) 16,71,200,538,2082	496.50(791.98) 17,74,206,549,2009	504.58(774.53) 21,85,228572,1972,	505.66(779.22) 21,87,228,571,1959
单一位置参数漂移							
−2	1	1.99(0.86) 1,1,2,2,3	2.27(1.07) 1,2,2,3,4	1.80(0.75) 1,1,2,2,3	2.32(0.72) 1,2,2,3,4	2.12(0.85) 1,2,2,3,4	2.45(0.72) 2,2,2,3,4
−1.5	1	3.16(1.63) 1,2,3,4,6	3.79(1.92) 1,2,3,5,7	2.65(1.25) 1,2,2,3,5	3.24(1.33) 2,2,3,4,6	3.26(1.57) 1,2,3,4,6	3.39(1.37) 2,2,3,4,6
−1	1	7.48(6.37) 2,4,6,9,18	8.32(5.28) 2,5,7,10,18	5.41(3.81) 2,3,5,7,12	6.27(3.91) 2,4,5,8,13	7.58(6.29) 2,4,6,9,18	6.60(4.16) 2,4,6,8,14
−0.5	1	69.20(173.56) 5,13,26,60,251	64.56(154.81) 7,16,29,60,213	41.89(114.60) 4,9,17,36,139	44.44(110.28) 5,11,20,40,144	76.92(193.79) 6,14,28,65,282	47.76(115.42) 6,12,22,43,155
0.5	1	70.26(178.92) 5,13,26,60,255	41.71(115.38) 4,9,17,35,138	64.21(151.26) 6,16,29,60,216	44.67(117.80) 5,11,20,40,141	76.08(197.62) 6,14,28,65,275	48.17(120.12) 6,12,22,44,158
1	1	7.47(6.29) 2,4,6,9,18	5.43(4.03) 2,3,5,7,12	8.28(5.18) 2,5,7,10,18	6.26(3.82) 2,4,5,8,13	7.61(6.34) 2,4,6,9,18	6.62(3.96) 2,4,6,8,14
1.5	1	3.16(1.64) 1,2,3,4,6	2.66(1.26) 1,2,2,3,5	3.79(1.92) 1,2,3,5,7	3.24(1.34) 2,2,3,4,6	3.26(1.58) 1,2,3,4,6	3.38(1.37) 2,2,3,4,6
2	1	1.99(0.86) 1,1,2,2,4	1.80(0.74) 1,1,2,2,3	2.27(1.07) 1,2,2,3,4	2.32(0.72) 1,2,2,3,4	2.12(0.85) 1,2,2,3,4	2.45(0.71) 2,2,2,3,4
单一尺度参数漂移							
0	0.5	515.71(1122.58) 17,38,89,319,3623	61.93(263.18) 8,13,21,39,163	58.42(237.79) 8,13,21,39,155	39.61(167.61) 7,11,18,31,98	158.40(524.03) 9,18,35,86,585	30.02(130.35) 4,8,14,25,76

表3.4(续表)

θ	δ	EC 控制图	cEC1控制图	cEC2控制图	cEC3控制图	EL控制图	cEL控制图
0	1.25	71.80(126.81) 6,17,36,78,246	76.85(138.55) 6,18,37,82,270	78.30(147.55) 6,18,38,83,267	80.09(141.47) 6,18,38,86,281	101.16(170.50) 9,24,51,112,349	122.46(208.13) 10,28,60,134,424
0	1.5	21.90(25.87) 4,9,15,26,61	23.26(27.48) 4,9,16,28,67	23.10(27.10) 3,9,16,28,67	22.92(27.63) 4,9,15,27,66	31.44(37.36) 5,12,21,37,93	37.18(49.58) 6,13,24,44,111
0	1.75	11.59(9.55) 3,6,9,15,29	11.79(9.98) 2,5,9,15,30	11.81(10.10) 2,5,9,15,30	11.42(9.42) 2,5,9,14,29	16.37(14.36) 4,8,12,20,42	17.41(15.06) 4,8,13,22,44
0	2	7.81(5.37) 2,4,6,10,18	7.83(5.60) 2,4,6,10,18	7.83(5.70) 2,4,6,10,18	7.53(5.41) 2,4,6,10,18	10.86(7.62) 3,6,9,14,25	11.13(7.88) 3,6,9,14,26
位置和尺度参数同时漂移($\theta, \delta = \mathrm{e}^{\theta}$)							
−2	0.14	1.49(0.54) 1,1,1,2,2	1.77(0.66) 1,1,2,2,3	1.27(0.45) 1,1,1,2,2	1.95(0.23) 1,2,2,2,2	1.58(0.51) 1,1,2,2,2	2.00(0.11) 2,2,2,2,2
−1.5	0.22	2.44(0.89) 1,2,2,3,4	2.76(0.65) 2,2,3,3,4	1.96(0.56) 1,2,2,2,3	2.17(0.40) 2,2,2,2,3	2.33(0.75) 2,2,2,3,4	2.22(0.44) 2,2,2,2,3
−1	0.37	6.08(2.84) 3,4,6,8,12	4.55(1.11) 3,4,4,5,7	4.39(2.81) 2,3,4,5,10	3.96(1.69) 2,3,4,5,7	6.21(3.77) 2,4,5,8,14	4.14(1.84) 2,3,4,5,7
−0.5	0.61	98.02(257.55) 9,21,40,84,333	38.13(93.67) 7,12,19,34,112	44.98(75.48) 5,13,24,49,146	41.01(80.62) 6,11,20,41,137	113.08(293.97) 9,21,42,97,393	43.46(97.44) 6,12,21,42,142
0.5	1.65	9.99(8.19) 2,5,8,12,24	10.69(8.65) 2,5,8,13,26	9.97(8.56) 2,5,8,12,25	10.64(8.90) 2,5,8,13,26	12.74(10.93) 3,6,10,16,32	14.60(12.63) 4,7,11,18,36
1	2.72	3.29(1.70) 1,2,3,4,6	3.53(1.92) 1,2,3,5,7	2.98(1.61) 1,2,3,4,6	3.25(1.74) 1,2,3,4,6	4.17(2.04) 2,3,4,5,8	4.41(2.14) 2,3,4,5,8
1.5	4.48	2.07(0.91) 1,1,2,3,4	2.16(0.99) 1,1,2,3,4	1.87(0.85) 1,1,2,2,3	1.95(0.88) 1,1,2,2,4	2.76(1.10) 1,2,3,3,5	2.71(1.05) 1,2,2,3,5

表3.4(续表)

θ	δ	EC 控制图	cEC1控制图	cEC2控制图	cEC3控制图	EL控制图	cEL控制图
2	7.39	1.62(0.66) 1,1,2,2,3	1.64(0.68) 1,1,2,2,3	1.47(0.60) 1,1,1,2,2	1.50(0.61) 1,1,1,2,3	2.22(0.77) 1,2,2,3,4	2.07(0.74) 1,2,2,2,3
位置和尺度参数同时漂移($\theta, \delta = e^{\frac{\theta}{2}}$)							
−2	0.37	1.60(0.57) 1,1,2,2,2	1.88(0.71) 1,1,2,2,3	1.38(0.49) 1,1,1,2,2	1.97(0.24) 2,2,2,2,2	1.68(0.53) 1,1,2,2,2	2.01(0.16) 2,2,2,2,2
−1.5	0.47	2.68(1.12) 1,2,2,3,5	3.12(0.95) 2,2,3,4,5	2.12(0.73) 1,2,2,2,3	2.41(0.62) 2,2,2,3,3	2.62(1.01) 2,2,2,3,4	2.48(0.65) 2,2,2,3,4
−1	0.61	7.24(4.83) 2,4,6,9,16	5.97(2.25) 3,4,6,7,10	4.92(3.60) 2,3,4,6,11	4.81(2.45) 2,3,4,6,9	7.20(5.56) 2,4,6,9,17	5.02(2.70) 2,3,4,6,9
−0.5	0.78	155.71(410.68) 8,20,44,118,632	72.59(226.63) 8,16,27,54,230	67.89(174.93) 5,11,23,56,260	60.84(181.88) 5,12,21,46,216	144.89(379.30) 8,19,43,114,562	58.17(156.17) 6,12,23,48,206
0.5	1.28	22.27(33.02) 3,8,14,25,66	19.33(26.12) 3,7,13,22,55	25.91(39.38) 3,9,16,29,79	22.38(31.43) 4,9,15,26,64	27.25(40.98) 4,9,16,30,82	27.79(36.85) 5,11,18,32,80
1	1.65	5.23(3.32) 2,3,4,7,11	5.31(3.35) 2,3,5,7,12	5.44(3.77) 2,3,5,7,12	5.85(3.71) 2,3,5,7,13	6.05(3.78) 2,4,5,8,13	7.01(4.23) 2,4,6,9,15
1.5	2.12	2.95(1.51) 1,2,3,4,6	3.16(1.67) 1,2,3,4,6	2.83(1.53) 1,2,3,4,6	3.24(1.64) 1,2,3,4,6	3.47(1.70) 1,2,3,4,7	4.02(1.87) 2,3,4,5,8
2	2.72	2.18(0.99) 1,1,2,3,4	2.37(1.13) 1,2,2,3,4	2.02(0.95) 1,1,2,2,4	2.31(1.05) 1,2,2,3,4	2.64(1.15) 1,2,2,3,5	2.99(1.20) 2,2,3,4,5
位置和尺度参数同时漂移($\theta, \delta = e^{2\theta}$)							
−1	0.14	5.33(2.02) 3,4,5,7,9	3.83(0.67) 3,3,4,4,5	3.96(2.33) 2,3,3,4,9	3.45(1.26) 2,3,3,4,6	5.58(3.49) 2,3,5,7,13	3.60(1.40) 2,3,3,4,6
−0.5	0.37	18.11(8.42) 9,13,16,21,33	13.13(7.96) 6,8,11,16,28	15.38(9.60) 5,9,13,19,33	15.47(9.97) 5,9,13,20,34	25.52(19.92) 8,15,21,30,56	18.32(15.48) 5,9,14,23,46

表3.4(续表)

θ	δ	EC控制图	cEC1控制图	cEC2控制图	cEC3控制图	EL控制图	cEL控制图
−0.25	0.61	871.34(1344.35) 27,88,268, 919,5000	348.60(745.39) 15,39,94, 284,1591	144.59(370.74) 11,24,48, 115,531	189.48(454.91) 11,27,59, 153,757	477.98(942.04) 17,48,130, 406,2404	163.23(427.05) 9,22,48, 126,626
0.25	1.65	13.00(11.60) 3,6,10,16,34	13.87(12.40) 3,6,11,17,36	12.89(12.12) 2,6,10,16,33	13.28(12.21) 3,6,10,17,35	17.76(16.53) 4,8,13,22,46	20.01(19.48) 4,9,15,24,53
0.5	2.72	3.96(2.15) 1,2,4,5,8	4.08(2.32) 1,2,4,5,8	3.63(2.05) 1,2,3,5,7	3.73(2.08) 1,2,3,5,8	5.27(2.75) 2,3,5,7,10	5.25(2.74) 2,3,5,7,10
1	7.39	1.72(0.71) 1,1,2,2,3	1.69(0.72) 1,1,2,2,3	1.58(0.67) 1,1,1,2,3	1.57(0.66) 1,1,1,2,3	2.38(0.84) 1,2,2,3,4	2.18(0.80) 1,2,2,3,4

表 3.5　控制图的性能比较，基于$Cauchy(\theta,\delta)$分布($(m,n;\lambda)$=(100,5;0.05)，ARL_0=500)

θ	δ	EC控制图	cEC1控制图	cEC2控制图	cEC3控制图	EL控制图	cEL控制图
0	1	492.59(811.23)	501.63(820.39)	507.00(818.92)	488.64(777.81)	505.34(778.96)	502.29(767.55)
		17,70,194,532,2035	16,70,199,544,2078	16,72,205,550,2099	17,73,206,546,1967	21,85,226,570,1967	21,86,229,569,1930
单一位置参数漂移							
−2	1	5.36(4.12)	5.92(3.30)	4.15(2.70)	4.73(2.55)	5.22(6.76)	4.98(2.59)
		2,3,4,6,12	2,4,5,7,12	2,2,4,5,9	2,3,4,6,9	2,3,4,6,11	2,3,4,6,10
−1.5	1	10.55(14.96)	9.84(6.67)	7.20(8.76)	7.68(6.13)	11.04(31.02)	8.13(6.36)
		3,5,7,12,27	3,6,8,12,22	2,4,5,8,17	3,4,6,9,17	3,5,7,11,27	3,5,7,10,18
−1	1	42.27(114.27)	26.06(41.86)	24.83(67.03)	22.48(57.71)	48.44(155.94)	24.31(55.48)
		4,9,17,35,144	5,10,17,29,71	3,7,12,21,75	4,8,13,22,61	4,9,17,35,162	4,8,14,24,67
−0.5	1	244.34(525.63)	206.51(426.45)	164.57(369.64)	175.70(403.44)	260.53(537.43)	186.99(408.25)
		9,28,74,219,1027	11,31,74,194,831	7,21,50,145,697	8,24,54,149,723	10,32,84,241,1084	10,26,61,168,758
0.5	1	243.93(527.54)	164.02(379.39)	206.76(421.20)	177.65(410.84)	258.93(534.49)	189.69(412.54)
		9,28,74,217,1027	7,21,50,141,684	11,32,74,195,826	8,23,54,150,735	10,31,82,240,1078	10,27,62,170,762
1	1	43.11(124.50)	24.54(66.65)	26.28(48.18)	22.81(64.28)	48.08(158.85)	24.54(63.39)
		4,9,17,36,150	3,7,12,21,74	5,10,17,29,71	4,8,13,22,61	4,9,17,35,159	4,8,14,24,66
1.5	1	10.65(15.02)	7.23(9.42)	9.81(6.93)	7.66(6.17)	10.87(27.91)	8.11(7.29)
		3,5,7,12,27	2,4,5,8,17	3,6,8,12,22	3,4,6,9,17	3,5,7,11,26	3,5,7,10,18
2	1	5.39(4.12)	4.13(2.67)	5.91(3.30)	4.74(2.57)	5.20(4.92)	4.95(2.58)
		2,3,4,6,12	2,3,4,5,9	2,4,5,7,12	2,3,4,6,9	2,3,4,6,11	2,3,4,6,10
单一尺度参数漂移							
0	0.5	545.03(895.98)	98.70(254.40)	99.65(267.95)	66.57(169.73)	142.17(373.07)	38.70(117.16)
		26,77,206,566,2368	10,21,38,81,343	10,21,38,81,342	9,17,31,60,210	10,22,46,111,537	5,11,18,35,1125

表3.5(续表)

θ	δ	EC 控制图	cEC1控制图	cEC2控制图	cEC3控制图	EL控制图	cEL控制图
0	1.25	166.68(359.39) 9,27,63,157,631	177.09(373.53) 9,27,66,170,681	177.51(372.52) 9,28,66,171,684	180.17(364.74) 9,29,70,176,702	200.39(383.12) 11,35,83,205,746	232.90(417.35) 13,41,99,244,887
0	1.5	60.18(125.07) 5,14,28,61,204	67.32(148.73) 5,15,30,66,234	66.44(148.06) 5,15,30,65,229	67.23(140.51) 6,15,30,68,233	76.09(149.89) 7,18,36,78,261	91.67(173.60) 8,21,42,94,325
0	1.75	30.33(65.92) 4,9,17,32,93	31.52(57.73) 4,10,18,34,95	31.78(57.32) 4,10,18,34,98	31.89(53.87) 4,10,18,34,101	36.26(66.19) 5,12,21,39,112	42.14(70.09) 6,13,24,45,133
0	2	17.78(22.80) 3,7,12,21,50	18.78(27.04) 3,7,12,22,54	18.72(25.03) 3,7,12,21,53	18.46(26.10) 3,7,12,21,53	21.40(26.59) 4,9,14,25,59	24.30(36.32) 5,9,16,27,68
位置和尺度参数同时漂移(θ, $\delta = e^{\theta}$)						
−2	0.14	3.87(1.82) 2,3,3,5,7	3.58(0.89) 2,3,3,4,5	2.76(1.27) 2,2,2,3,5	2.83(0.92) 2,2,3,3,4	3.58(2.02) 2,2,3,4,7	2.93(0.94) 2,2,3,3,5
−1.5	0.22	6.85(3.61) 3,4,6,9,14	4.84(1.45) 3,4,5,5,8	4.92(3.64) 2,3,4,6,12	4.29(2.10) 2,3,4,5,8	7.32(6.38) 2,4,5,8,19	4.50(2.37) 2,3,4,5,8
−1	0.37	18.74(13.11) 5,10,16,23,43	9.89(6.16) 4,6,8,12,20	15.67(14.59) 3,6,11,20,44	11.75(10.78) 4,6,8,14,32	30.36(41.68) 5,10,18,35,95	13.46(16.49) 4,6,9,14,38
−0.5	0.61	358.13(628.90) 17,53,140,376,1419	188.01(389.93) 12,29,64,170,767	111.27(186.01) 10,26,54,122,394	134.30(250.11) 10,26,57,141,501	277.64(530.36) 15,44,107,275,1090	122.41(253.17) 9,23,50,121,453
0.5	1.65	29.43(64.19) 4,9,16,31,91	28.91(54.98) 4,9,17,31,88	32.76(60.08) 4,9,17,34,108	31.33(58.01) 4,9,17,33,97	35.27(69.72) 5,11,19,36,111	39.94(72.17) 6,12,22,42,126
1	2.72	6.47(4.55) 2,4,5,8,15	6.96(5.17) 2,4,6,9,16	6.19(4.81) 2,3,5,8,14	6.55(5.04) 2,3,5,8,15	7.52(5.06) 2,4,6,9,16	8.03(5.45) 3,5,7,10,18
1.5	4.48	3.41(1.70) 1,2,3,4,7	3.53(1.89) 1,2,3,4,7	3.08(1.62) 1,2,3,4,6	3.21(1.67) 1,2,3,4,6	4.14(1.93) 2,3,4,5,8	4.07(1.83) 2,3,4,5,7

表3.5(续表)

θ	δ	EC 控制图	cEC1控制图	cEC2控制图	cEC3控制图	EL控制图	cEL控制图
2	7.39	2.35(0.97) 1,2,2,3,4	2.34(1.05) 1,2,2,3,4	2.11(0.94) 1,1,2,3,4	2.12(0.92) 1,2,2,3,4	2.98(1.13) 2,2,3,4,5	2.82(0.98) 2,2,3,3,5
				位置和尺度参数同时漂移 $(\theta, \delta = e^{\frac{\theta}{2}})$			
-2	0.37	4.38(2.45) 2,3,4,5,9	4.25(1.43) 2,3,4,5,7	3.15(1.66) 2,2,3,4,6	3.32(1.31) 2,2,3,4,6	4.10(2.69) 2,3,3,5,8	3.43(1.34) 2,3,3,4,6
-1.5	0.47	8.60(6.50) 3,5,7,11,20	6.36(2.62) 3,5,6,8,11	5.85(5.33) 2,3,4,7,14	5.36(3.23) 2,3,5,6,11	9.00(11.40) 3,4,6,10,23	5.57(3.77) 2,4,5,7,11
-1	0.61	35.09(56.83) 5,11,19,37,116	15.68(19.40) 5,8,12,18,36	22.76(37.53) 3,7,12,23,79	17.39(28.26) 4,7,10,18,51	51.47(134.55) 5,10,20,43,187	18.83(37.61) 4,7,11,19,53
-0.5	0.78	435.47(777.27) 13,48,143, 442,1913	270.31(543.94) 13,35,86, 247,1145	195.33(374.85) 9,28,73, 202,764	218.07(443.22) 10,28,71, 208,903	371.98(683.67) 14,47,132, 373,1556	198.12(412.76) 10,28,69, 188,785
0.5	1.28	87.88(218.04) 6,15,33,78,319	74.23(194.89) 5,14,29,65,259	91.99(190.75) 6,17,37,90,340	78.72(183.17) 6,16,33,74,280	101.33(238.07) 7,18,38,91,377	98.62(213.56) 8,20,40,93,359
1	1.65	15.75(30.02) 3,6,10,17,44	14.21(18.35) 3,6,10,16,38	17.11(22.86) 3,6,11,19,51	15.68(20.88) 3,6,11,18,43	17.16(36.28) 3,7,11,18,46	18.11(21.31) 4,8,13,21,49
1.5	2.12	6.73(5.65) 2,4,5,8,15	6.88(5.24) 2,4,6,9,16	7.03(6.27) 2,3,5,8,17	7.31(5.77) 2,4,6,9,17	7.34(5.51) 2,4,6,9,16	8.41(6.19) 3,5,7,10,19
2	2.72	4.32(2.58) 2,3,4,5,9	4.64(2.88) 1,3,4,6,10	4.20(2.75) 1,2,4,5,9	4.66(2.89) 2,3,4,6,10	4.84(2.72) 2,3,4,6,10	5.47(3.03) 2,3,5,7,11
				位置和尺度参数同时漂移 $(\theta, \delta = e^{2\theta})$			
-1	0.14	10.69(3.61) 5,8,10,13,17	6.44(2.45) 4,5,6,7,11	10.10(5.96) 3,6,9,13,22	7.90(4.52) 3,5,7,10,17	17.75(11.63) 5,9,15,23,40	9.22(7.45) 3,5,7,11,24

表3.5(续表)

θ	δ	EC 控制图	cEC1控制图	cEC2控制图	cEC3控制图	EL控制图	cEL控制图
−0.5	0.37	51.50(58.67) 13,23,36,59,139	38.33(45.08) 9,16,25,44,108	26.19(26.51) 7,12,18,31,72	33.17(34.90) 7,14,22,40,93	63.70(108.92) 9,20,35,69,201	37.55(51.00) 6,12,22,43,121
−0.25	0.61	818.08(1104.02) 33,138,384,982,3438	429.93(726.10) 20,61,165,458,1779	179.84(357.91) 14,34,73,178,670	226.26(437.38) 14,38,88,226,873	376.52(694.12) 17,54,137,376,1547	149.87(352.87) 9,23,52,133,573
0.25	1.65	36.22(72.70) 4,10,19,37,114	37.36(70.82) 4,11,20,39,116	39.36(74.16) 4,11,20,41,129	38.64(75.92) 4,11,20,40,126	43.65(82.10) 6,13,23,46,140	52.11(95.24) 6,15,27,54,169
0.5	2.72	7.50(5.69) 2,4,6,9,17	7.83(6.09) 2,4,6,10,18	7.29(6.08) 2,4,6,9,17	7.33(5.92) 2,4,6,9,17	8.94(6.41) 3,5,7,11,20	9.16(6.69) 3,5,8,11,21
1	7.39	2.45(1.02) 1,2,2,3,4	2.35(1.07) 1,2,2,3,4	2.22(1.01) 1,2,2,3,4	2.18(0.96) 1,2,2,3,4	3.11(1.18) 2,2,3,4,5	2.90(1.03) 2,2,3,3,5

表 3.6　控制图的性能比较，基于 $SE(\theta,\delta)$ 分布（$(m,n;\lambda)=(100,5;0.05)$，$ARL_0=500$）

θ	δ	EC控制图	cEC1控制图	cEC2控制图	cEC3控制图	EL控制图	cEL控制图
0	1	496.19(819.71) 17,70,194,533,2072	498.60(815.12) 17,71,200,543,2057	499.44(819.04) 17,71,198,539,2057	495.51(797.22) 18,75,205,542,2019	506.70(776.98) 21,86,230,569,1955	503.37(772.48) 21,87,231,566,1956
单一位置参数漂移						
−2	1	1.12(0.34) 1,1,1,1,2	1.11(0.33) 1,1,1,1,2	1.28(0.47) 1,1,1,2,2	1.36(0.51) 1,1,1,2,2	1.38(0.52) 1,1,1,2,2	1.52(0.60) 1,1,1,2,2
−1.5	1	1.30(0.54) 1,1,1,2,2	1.28(0.51) 1,1,1,1,2	1.49(0.61) 1,1,1,2,3	1.59(0.63) 1,1,2,2,3	1.64(0.66) 1,1,2,2,3	1.87(0.77) 1,1,2,2,3
−1	1	1.77(0.88) 1,1,2,2,3	1.71(0.85) 1,1,2,2,3	1.99(0.94) 1,1,2,2,4	2.11(0.95) 1,1,2,3,4	2.24(1.03) 1,2,2,3,4	2.61(1.16) 1,2,2,3,5
−0.5	1	3.65(2.16) 1,2,3,5,8	3.45(2.05) 1,2,3,4,7	3.98(2.31) 1,2,4,5,8	4.16(2.36) 1,2,4,5,9	4.74(2.74) 1,3,4,6,10	5.57(3.05) 2,3,5,7,11
0.5	1	14.75(11.57) 5,9,12,18,32	12.96(10.70) 3,6,10,16,31	12.42(11.06) 5,7,10,14,28	11.94(9.80) 4,6,9,14,29	12.61(9.70) 5,8,11,15,26	11.08(8.60) 4,6,9,13,24
1	1	4.29(1.89) 2,3,4,5,8	3.21(1.56) 2,2,3,4,6	4.06(0.91) 3,4,4,4,5	3.24(1.10) 2,3,3,4,5	4.33(1.99) 2,3,4,5,8	3.36(1.14) 2,3,3,4,5
1.5	1	2.17(0.78) 1,2,2,3,4	1.82(0.57) 1,1,2,2,3	2.57(0.79) 1,2,3,3,4	2.13(0.37) 2,2,2,2,3	2.18(0.69) 1,2,2,2,3	2.17(0.40) 2,2,2,2,3
2	1	1.44(0.53) 1,1,1,2,2	1.26(0.44) 1,1,1,2,2	1.66(0.64) 1,1,2,2,3	1.92(0.28) 1,2,2,2,2	1.54(0.52) 1,1,2,2,2	1.99(0.13) 2,2,2,2,2
单一尺度参数漂移						
0	0.5	32.11(74.51) 4,10,17,32,96	28.16(67.10) 6,11,16,28,75	19.39(44.63) 3,7,11,20,57	19.70(47.53) 4,7,12,21,53	29.50(63.65) 5,10,17,31,85	20.07(34.92) 4,8,13,21,55

表3.6(续表)

θ	δ	EC 控制图	cEC1控制图	cEC2控制图	cEC3控制图	EL控制图	cEL控制图
0	1.25	125.47(256.40) 8,23,52,125,460	106.12(222.01) 7,20,44,104,390	148.36(300.85) 8,26,59,146,563	130.62(261.03) 8,25,56,131,474	150.56(280.44) 10,29,67,158,551	161.75(285.87) 11,32,73,172,594
0	1.5	31.87(49.26) 4,10,19,36,99	25.24(35.50) 4,9,16,29,74	37.74(62.17) 4,11,21,42,118	33.09(47.72) 5,11,20,38,99	39.49(60.40) 5,12,23,44,124	41.08(60.57) 6,14,25,46,125
0	1.75	14.00(13.52) 3,6,10,17,37	11.82(10.39) 2,5,9,15,30	16.11(16.35) 3,7,12,20,43	15.00(13.54) 3,7,11,19,38	17.00(17.13) 3,7,12,21,45	17.58(16.74) 4,8,13,21,45
0	2	8.68(6.64) 2,4,7,11,21	7.56(5.38) 2,4,6,10,18	9.85(7.83) 2,5,8,13,24	9.51(6.81) 3,5,8,12,22	10.28(7.96) 3,5,8,13,25	10.82(7.84) 3,6,9,14,25
位置和尺度参数同时漂移($\theta, \delta = e^{\theta}$)							
−2	0.14	1.00(0.00) 1,1,1,1,1	1.00(0.00) 1,1,1,1,1	1.00(0.00) 1,1,1,1,1	1.00(0.00) 1,1,1,1,1	1.00(0.00) 1,1,1,1,1	1.00(0.00) 1,1,1,1,1
−1.5	0.22	1.00(0.00) 1,1,1,1,1	1.00(0.00) 1,1,1,1,1	1.00(0.02) 1,1,1,1,1	1.00(0.04) 1,1,1,1,1	1.00(0.04) 1,1,1,1,1	1.00(0.06) 1,1,1,1,1
−1	0.37	1.02(0.15) 1,1,1,1,1	1.02(0.15) 1,1,1,1,1	1.05(0.22) 1,1,1,1,1	1.17(0.38) 1,1,1,1,2	1.12(0.33) 1,1,1,1,2	1.24(0.43) 1,1,1,1,2
−0.5	0.61	1.97(1.00) 1,1,2,2,4	2.02(1.07) 1,1,2,3,4	2.01(0.93) 1,1,2,2,4	2.42(1.06) 1,2,2,3,4	2.39(1.13) 1,2,2,3,4	2.72(1.14) 1,2,3,3,5
0.5	1.65	5.50(3.22) 2,3,5,7,11	4.14(2.35) 2,3,4,5,9	5.89(2.48) 2,4,6,7,10	4.48(2.07) 2,3,4,5,8	5.81(3.15) 2,4,5,7,12	4.67(2.15) 2,3,4,6,9
1	2.72	1.77(0.71) 1,1,2,2,3	1.58(0.58) 1,1,2,2,2	2.08(0.93) 1,1,2,3,4	2.01(0.45) 1,2,2,2,3	1.92(0.70) 1,1,2,2,3	2.10(0.40) 2,2,2,2,3
1.5	4.48	1.12(0.33) 1,1,1,1,2	1.07(0.26) 1,1,1,1,2	1.19(0.41) 1,1,1,1,2	1.52(0.50) 1,1,2,2,2	1.20(0.40) 1,1,1,1,2	1.77(0.42) 1,2,2,2,2

表3.6(续表)

θ	δ	EC 控制图	cEC1控制图	cEC2控制图	cEC3控制图	EL控制图	cEL控制图
2	7.39	1.01(0.07) 1,1,1,1,1	1.00(0.04) 1,1,1,1,1	1.01(0.11) 1,1,1,1,1	1.12(0.33) 1,1,1,1,2	1.01(0.11) 1,1,1,1,1	1.39(0.49) 1,1,1,2,2
	位置和尺度参数同时漂移(θ, $\delta = e^{\frac{\theta}{2}}$)
-2	0.37	1.00(0.01) 1,1,1,1,1	1.00(0.01) 1,1,1,1,1	1.00(0.05) 1,1,1,1,1	1.01(0.10) 1,1,1,1,1	1.01(0.09) 1,1,1,1,1	1.02(0.13) 1,1,1,1,1
-1.5	0.47	1.01(0.10) 1,1,1,1,1	1.01(0.10) 1,1,1,1,1	1.04(0.20) 1,1,1,1,1	1.12(0.32) 1,1,1,1,2	1.09(0.29) 1,1,1,1,2	1.17(0.37) 1,1,1,1,2
-1	0.61	1.21(0.44) 1,1,1,1,2	1.21(0.45) 1,1,1,1,2	1.32(0.50) 1,1,1,2,2	1.52(0.58) 1,1,1,2,2	1.47(0.58) 1,1,1,2,2	1.68(0.64) 1,1,2,2,3
-0.5	0.78	2.66(1.47) 1,2,2,3,5	2.64(1.51) 1,2,2,3,5	2.75(1.43) 1,2,2,3,5	3.17(1.61) 1,2,3,4,6	3.28(1.71) 1,2,3,4,6	3.80(1.84) 2,2,3,5,7
0.5	1.28	9.05(6.00) 3,5,8,11,19	6.96(5.22) 2,4,6,9,16	8.13(4.55) 4,6,7,9,15	6.76(4.38) 3,4,6,8,14	8.85(5.50) 3,5,8,11,18	6.94(4.39) 3,4,6,8,14
1	1.65	2.57(1.08) 1,2,2,3,5	2.10(0.77) 1,2,2,2,3	3.08(1.07) 1,2,3,4,4	2.42(0.64) 2,2,2,3,4	2.67(1.07) 1,2,2,3,5	2.50(0.66) 2,2,2,3,4
1.5	2.12	1.46(0.54) 1,1,1,2,2	1.31(0.47) 1,1,1,2,2	1.66(0.68) 1,1,2,2,3	1.88(0.35) 1,2,2,2,2	1.58(0.54) 1,1,2,2,2	1.98(0.22) 2,2,2,2,2
2	2.72	1.07(0.25) 1,1,1,1,2	1.03(0.17) 1,1,1,1,1	1.13(0.34) 1,1,1,1,2	1.50(0.50) 1,1,2,2,2	1.12(0.32) 1,1,1,1,2	1.80(0.40) 1,2,2,2,2
	位置和尺度参数同时漂移(θ, $\delta = e^{2\theta}$)
-1	0.14	1.00(0.00) 1,1,1,1,1	1.00(0.00) 1,1,1,1,1	1.00(0.00) 1,1,1,1,1	1.00(0.03) 1,1,1,1,1	1.00(0.01) 1,1,1,1,1	1.00(0.04) 1,1,1,1,1
-0.5	0.37	1.27(0.49) 1,1,1,2,2	1.29(0.52) 1,1,1,2,2	1.29(0.48) 1,1,1,2,2	1.60(0.58) 1,1,2,2,2	1.49(0.59) 1,1,1,2,2	1.75(0.58) 1,1,2,2,3

表3.6(续表)

θ	δ	EC 控制图	cEC1控制图	cEC2控制图	cEC3控制图	EL控制图	cEL控制图
−0.25	0.61	3.81(2.26)	4.17(2.60)	3.50(1.94)	4.38(2.31)	4.57(2.61)	4.84(2.46)
		1,2,3,5,8	1,2,4,5,9	1,2,3,4,7	2,3,4,5,9	1,3,4,6,10	2,3,4,6,9
0.25	1.65	10.61(9.45)	7.33(5.51)	12.20(9.97)	8.56(6.20)	11.24(9.36)	8.87(6.31)
		2,5,8,13,26	2,4,6,9,17	3,7,10,15,28	3,5,7,10,19	3,6,9,14,27	3,5,7,11,20
0.5	2.72	2.70(1.33)	2.28(1.00)	3.27(1.59)	2.75(0.96)	3.00(1.41)	2.85(0.97)
		1,2,2,3,5	1,2,2,3,4	1,2,3,4,6	2,2,3,3,4	1,2,3,4,6	2,2,3,3,5
1	7.39	1.16(0.37)	1.12(0.32)	1.22(0.43)	1.50(0.50)	1.28(0.46)	1.69(0.47)
		1,1,1,1,2	1,1,1,1,2	1,1,1,1,2	1,1,1,2,2	1,1,1,2,2	1,1,2,2,2

表 3.7　控制图的性能比较，基于$Gumbel(\theta,\delta)$分布($(m,n;\lambda)$=(100,5;0.05)，ARL_0=500)

θ	δ	EC控制图	cEC1控制图	cEC2控制图	cEC3控制图	EL控制图	cEL控制图
0	1	499.86(825.58)	502.73(818.34)	496.50(809.32)	492.97(785.34)	502.62(768.79)	497.07(759.58)
		17,70,196,537,2092	17,71,201,548,2080	16,70,201,540,2029	17,72,204,539,1947	21,86,226,569,1957	21,87,227,564,1903
单一位置参数漂移							
−2	1	1.55(0.68)	1.57(0.71)	1.59(0.67)	1.89(0.73)	1.80(0.76)	2.15(0.76)
		1,1,1,2,3	1,1,1,2,3	1,1,1,2,3	1,1,2,2,3	1,1,2,2,3	1,2,2,3,3
−1.5	1	2.22(1.10)	2.30(1.21)	2.19(1.04)	2.63(1.15)	2.57(1.22)	2.98(1.22)
		1,1,2,3,4	1,1,2,3,5	1,1,2,3,4	1,2,2,3,5	1,2,2,3,5	2,2,3,4,5
−1	1	4.24(2.53)	4.62(2.91)	3.95(2.26)	4.79(2.61)	4.92(2.86)	5.42(2.88)
		1,2,4,5,9	1,3,4,6,10	1,2,3,5,8	2,3,4,6,10	2,3,4,6,10	2,3,5,7,11
−0.5	1	18.64(22.28)	21.60(27.34)	15.29(16.74)	19.76(21.24)	22.57(26.42)	23.17(25.91)
		3,7,13,22,52	3,8,14,26,62	3,7,11,19,40	4,8,14,24,54	4,9,15,27,64	5,10,16,28,64
0.5	1	119.69(311.24)	62.76(173.38)	124.37(326.61)	73.18(200.99)	99.56(259.55)	65.60(160.06)
		7,19,40,99,445	5,12,24,53,220	9,20,40,97,472	6,14,27,59,261	8,19,38,87,349	7,15,27,59,227
1	1	9.49(7.42)	6.64(5.35)	8.67(4.87)	6.73(4.38)	9.61(7.16)	7.02(4.46)
		3,5,8,12,22	2,4,5,8,15	4,6,8,10,17	3,4,6,8,14	3,5,8,12,22	3,4,6,8,15
1.5	1	3.71(1.83)	2.83(1.29)	4.15(1.40)	3.14(1.11)	3.83(1.84)	3.25(1.14)
		2,2,3,5,7	1,2,3,3,5	2,3,4,5,6	2,2,3,4,5	2,3,3,5,7	2,2,3,4,5
2	1	2.16(0.87)	1.83(0.64)	2.62(1.02)	2.20(0.50)	2.25(0.83)	2.27(0.50)
		1,2,2,3,4	1,1,2,2,3	1,2,3,3,4	2,2,2,2,3	1,2,2,3,4	2,2,2,3,3
单一尺度参数漂移							
0	0.5	235.47(730.72)	61.78(229.18)	22.52(80.53)	29.20(105.22)	140.16(513.73)	30.76(139.26)
		13,24,44,107,969	7,13,21,43,186	6,9,13,21,52	6,9,14,24,75	8,16,29,66,470	4,8,13,24,81

表3.7(续表)

θ	δ	EC 控制图	cEC1控制图	cEC2控制图	cEC3控制图	EL控制图	cEL控制图
0	1.25	45.83(68.68) 5,14,26,52,148	49.01(78.30) 5,14,28,55,160	50.44(77.13) 5,14,28,57,166	49.87(78.32) 5,14,28,56,164	68.40(100.60) 7,19,38,78,225	81.21(118.20) 8,22,45,93,271
0	1.5	14.25(12.77) 3,7,11,18,36	14.80(13.30) 3,7,11,19,38	14.35(13.23) 3,6,11,18,38	14.39(13.07) 3,6,11,18,37	20.84(19.69) 4,9,15,26,56	23.00(22.18) 5,10,17,28,62
0	1.75	7.97(5.47) 2,4,7,10,18	8.25(5.91) 2,4,7,11,19	7.75(5.55) 2,4,6,10,18	7.76(5.50) 2,4,6,10,18	11.30(8.06) 3,6,9,14,26	11.88(8.51) 3,6,10,15,28
0	2	5.59(3.39) 2,3,5,7,12	5.72(3.62) 2,3,5,7,13	5.27(3.32) 1,3,5,7,12	5.34(3.38) 2,3,5,7,12	7.84(4.83) 2,5,7,10,17	7.98(4.96) 2,5,7,10,17
位置和尺度参数同时漂移($\theta, \delta = \mathrm{e}^{\theta}$)							
−2	0.14	1.00(0.00) 1,1,1,1,1	1.00(0.00) 1,1,1,1,1	1.00(0.00) 1,1,1,1,1	1.00(0.02) 1,1,1,1,1	1.00(0.00) 1,1,1,1,1	1.01(0.09) 1,1,1,1,1
−1.5	0.22	1.04(0.20) 1,1,1,1,1	1.07(0.26) 1,1,1,1,2	1.02(0.14) 1,1,1,1,1	1.35(0.48) 1,1,1,2,2	1.07(0.26) 1,1,1,1,2	1.67(0.47) 1,1,2,2,2
−1	0.37	2.42(1.03) 1,2,2,3,4	2.95(1.13) 1,2,3,4,5	2.00(0.75) 1,2,2,2,3	2.38(0.63) 2,2,2,3,3	2.49(0.99) 1,2,2,3,4	2.45(0.65) 2,2,2,3,4
−0.5	0.61	28.36(72.12) 4,9,16,28,81	18.03(32.89) 5,9,13,19,43	16.49(29.68) 3,6,10,17,47	14.85(28.17) 4,6,10,16,39	25.68(60.75) 4,9,15,26,72	15.16(23.43) 4,7,10,17,39
0.5	1.65	8.83(6.80) 2,4,7,11,21	9.14(6.91) 2,5,7,12,22	9.01(7.19) 2,4,7,11,22	9.83(7.61) 2,5,8,12,24	11.22(8.79) 3,6,9,14,27	13.02(9.96) 3,7,10,16,31
1	2.72	2.91(1.50) 1,2,3,4,6	3.18(1.70) 1,2,3,4,6	2.70(1.44) 1,2,2,3,5	3.05(1.58) 1,2,3,4,6	3.68(1.83) 1,2,3,5,7	4.15(2.02) 2,3,4,5,8
1.5	4.48	1.86(0.82) 1,1,2,2,3	2.00(0.92) 1,1,2,2,4	1.69(0.76) 1,1,2,2,3	1.86(0.82) 1,1,2,2,3	2.43(1.01) 1,2,2,3,4	2.55(1.04) 1,2,2,3,4

表3.7(续表)

θ	δ	EC控制图	cEC1控制图	cEC2控制图	cEC3控制图	EL控制图	cEL控制图
2	7.39	1.47(0.60) 1,1,1,2,2	1.55(0.65) 1,1,1,2,3	1.34(0.53) 1,1,1,2,2	1.45(0.58) 1,1,1,2,2	1.98(0.74) 1,2,2,2,3	1.91(0.75) 1,1,2,2,3
\multicolumn{8}{c}{位置和尺度参数同时漂移 (θ, $\delta = e^{\frac{\theta}{2}}$)}
-2	0.37	1.02(0.13) 1,1,1,1,1	1.03(0.16) 1,1,1,1,1	1.02(0.13) 1,1,1,1,1	1.14(0.34) 1,1,1,1,2	1.05(0.22) 1,1,1,1,2	1.31(0.46) 1,1,1,2,2
-1.5	0.47	1.39(0.54) 1,1,1,2,2	1.49(0.63) 1,1,1,2,3	1.31(0.48) 1,1,1,2,2	1.76(0.52) 1,1,2,2,2	1.52(0.58) 1,1,1,2,2	1.93(0.42) 1,2,2,2,3
-1	0.61	3.24(1.69) 1,2,3,4,6	3.93(1.96) 1,2,4,5,7	2.66(1.25) 1,2,2,3,5	3.22(1.28) 2,2,3,4,6	3.47(1.74) 1,2,3,4,7	3.36(1.31) 2,2,3,4,6
-0.5	0.78	29.06(63.35) 4,9,16,30,88	30.94(57.49) 5,11,18,32,89	16.88(28.04) 3,6,11,19,46	19.94(35.05) 4,8,13,22,54	28.89(60.49) 4,10,17,31,86	20.81(31.95) 4,8,13,23,57
0.5	1.28	25.02(36.35) 4,9,15,28,74	18.61(25.88) 3,7,12,22,52	30.84(52.56) 4,10,19,34,93	23.88(33.80) 4,9,16,27,67	29.08(42.38) 4,10,18,33,89	27.54(41.99) 5,10,18,31,79
1	1.65	5.45(3.54) 2,3,5,7,12	4.84(2.97) 2,3,4,6,10	6.23(4.22) 2,3,5,8,14	5.92(3.51) 2,3,5,7,12	6.24(3.97) 2,4,5,8,14	6.58(3.81) 2,4,6,8,14
1.5	2.12	2.95(1.57) 1,2,3,4,6	2.88(1.49) 1,2,3,4,6	3.13(1.77) 1,2,3,4,6	3.38(1.64) 1,2,3,4,6	3.41(1.74) 1,2,3,4,7	3.91(1.82) 2,3,4,5,7
2	2.72	2.13(1.02) 1,1,2,3,4	2.21(1.05) 1,1,2,3,4	2.15(1.07) 1,1,2,3,4	2.48(1.10) 1,2,2,3,5	2.52(1.16) 1,2,2,3,5	2.97(1.23) 2,2,3,4,5
\multicolumn{8}{c}{位置和尺度参数同时漂移 (θ, $\delta = e^{2\theta}$)}
-1	0.14	1.75(0.60) 1,1,2,2,3	2.09(0.71) 1,2,2,3,3	1.50(0.52) 1,1,1,2,2	2.00(0.20) 2,2,2,2,2	1.80(0.51) 1,2,2,2,2	2.02(0.17) 2,2,2,2,2
-0.5	0.37	12.07(6.88) 4,8,11,15,24	7.46(3.49) 4,5,7,8,13	10.03(7.86) 3,5,8,13,25	7.97(5.66) 3,5,6,9,19	12.79(9.17) 4,7,11,16,27	8.26(5.90) 3,5,7,10,19

表3.7(续表)

θ	δ	EC控制图	cEC1控制图	cEC2控制图	cEC3控制图	EL控制图	cEL控制图
−0.25	0.61	535.21(1077.44) 16,46,120,407,3233	222.87(583.95) 11,25,53,152,942	133.97(355.36) 9,23,46,109,481	144.87(386.38) 9,22,46,115,536	284.62(689.30) 13,33,74,206,1225	113.21(312.90) 8,20,40,93,388
0.25	1.65	10.00(7.74) 2,5,8,13,24	10.81(8.48) 2,5,9,14,27	9.71(7.86) 2,5,8,12,24	10.60(8.50) 2,5,8,13,26	13.56(11.07) 3,7,11,17,33	15.57(12.84) 4,8,12,19,38
0.5	2.72	3.20(1.66) 1,2,3,4,6	3.41(1.86) 1,2,3,4,7	2.89(1.57) 1,2,3,4,6	3.13(1.67) 1,2,3,4,6	4.24(2.14) 2,3,4,5,8	4.47(2.25) 2,3,4,6,9
1	7.39	1.51(0.61) 1,1,1,2,3	1.55(0.65) 1,1,1,2,3	1.39(0.55) 1,1,1,2,2	1.45(0.58) 1,1,1,2,2	2.07(0.75) 1,2,2,2,3	1.94(0.76) 1,1,2,2,3

表 3.8　控制图的性能比较，基于$Rayleigh(\theta,\delta)$分布($(m,n;\lambda)$=(100,5;0.05)，ARL_0=500)

θ	δ	EC控制图	cEC1控制图	cEC2控制图	cEC3控制图	EL控制图	cEL控制图
0	1	497.16(820.14) 17,70,196,534,2082	498.31(811.87) 16,70,201,542,2081	496.94(809.23) 16,70,200,540,2062	500.21(800.44) 17,75,208,551,2033	501.19(766.53) 20,84,226,569,1951	503.11(766.72) 21,86,230,571,1937
单一位置参数漂移							
−2	1	1.02(0.15) 1,1,1,1,1	1.02(0.15) 1,1,1,1,1	1.04(0.19) 1,1,1,1,1	1.15(0.36) 1,1,1,1,2	1.09(0.29) 1,1,1,1,2	1.25(0.43) 1,1,1,1,2
−1.5	1	1.17(0.39) 1,1,1,1,2	1.19(0.42) 1,1,1,1,2	1.20(0.41) 1,1,1,1,2	1.46(0.53) 1,1,1,2,2	1.34(0.51) 1,1,1,2,2	1.62(0.54) 1,1,2,2,2
−1	1	1.82(0.85) 1,1,2,2,3	1.93(0.96) 1,1,2,2,4	1.78(0.77) 1,1,2,2,3	2.21(0.87) 1,2,2,3,4	2.12(0.95) 1,1,2,3,4	2.41(0.86) 1,2,2,3,4
−0.5	1	5.73(3.73) 2,3,5,7,13	6.55(4.38) 2,3,6,9,15	5.04(3.11) 1,3,4,6,11	6.27(3.73) 2,4,5,8,13	6.75(4.31) 2,4,6,9,15	6.96(4.05) 2,4,6,9,15
0.5	1	11.81(11.85) 3,6,9,14,29	7.91(6.87) 2,4,6,10,19	11.76(9.97) 4,7,10,14,26	8.44(6.36) 3,5,7,10,19	11.98(10.84) 3,6,9,15,29	8.81(6.45) 3,5,7,11,20
1	1	2.40(1.07) 1,2,2,3,4	2.02(0.78) 1,2,2,2,3	2.91(1.21) 1,2,3,4,5	2.41(0.67) 2,2,2,3,4	2.56(1.07) 1,2,2,3,4	2.49(0.68) 2,2,2,3,4
1.5	1	1.23(0.43) 1,1,1,1,2	1.14(0.35) 1,1,1,1,2	1.34(0.52) 1,1,1,2,2	1.69(0.46) 1,1,2,2,2	1.33(0.48) 1,1,1,2,2	1.89(0.32) 1,2,2,2,2
2	1	1.00(0.05) 1,1,1,1,1	1.00(0.02) 1,1,1,1,1	1.01(0.09) 1,1,1,1,1	1.11(0.32) 1,1,1,1,2	1.01(0.08) 1,1,1,1,1	1.40(0.49) 1,1,1,2,2
单一尺度参数漂移							
0	0.5	4.41(2.33) 2,3,4,5,9	4.69(1.63) 2,4,5,6,7	3.27(1.63) 1,2,3,4,6	3.56(1.39) 2,3,3,4,6	4.52(2.32) 2,3,4,6,9	3.69(1.44) 2,3,3,4,6

表3.8(续表)

θ	δ	EC 控制图	cEC1控制图	cEC2控制图	cEC3控制图	EL控制图	cEL控制图
0	1.25	24.82(32.89)	19.99(23.94)	28.86(42.72)	26.00(33.11)	30.19(39.25)	31.46(40.31)
		4,9,16,29,74	3,8,14,24,56	4,10,18,33,87	4,10,17,30,74	5,11,19,35,91	5,12,20,36,93
0	1.5	6.29(4.26)	5.66(3.63)	7.04(5.05)	6.98(4.36)	7.37(4.93)	7.88(4.87)
		2,3,5,8,14	2,3,5,7,12	2,4,6,9,16	2,4,6,9,15	2,4,6,9,17	3,5,7,10,17
0	1.75	3.47(1.97)	3.28(1.77)	3.78(2.26)	4.02(2.05)	4.03(2.20)	4.50(2.21)
		1,2,3,4,7	1,2,3,4,7	1,2,3,5,8	2,3,4,5,8	1,2,4,5,8	2,3,4,6,9
0	2	2.49(1.28)	2.42(1.19)	2.61(1.43)	2.91(1.32)	2.87(1.41)	3.29(1.43)
		1,2,2,3,5	1,2,2,3,5	1,2,2,3,5	1,2,3,4,5	1,2,3,4,5	2,2,3,4,6
位置和尺度参数同时漂移($\theta, \delta = e^{\theta}$)							
−2	0.14	1.00(0.00)	1.00(0.00)	1.00(0.00)	1.00(0.00)	1.00(0.00)	1.00(0.00)
		1,1,1,1,1	1,1,1,1,1	1,1,1,1,1	1,1,1,1,1	1,1,1,1,1	1,1,1,1,1
−1.5	0.22	1.00(0.00)	1.00(0.00)	1.00(0.00)	1.00(0.00)	1.00(0.00)	1.00(0.00)
		1,1,1,1,1	1,1,1,1,1	1,1,1,1,1	1,1,1,1,1	1,1,1,1,1	1,1,1,1,1
−1	0.37	1.00(0.00)	1.00(0.00)	1.00(0.00)	1.00(0.02)	1.00(0.01)	1.00(0.06)
		1,1,1,1,1	1,1,1,1,1	1,1,1,1,1	1,1,1,1,1	1,1,1,1,1	1,1,1,1,1
−0.5	0.61	1.52(0.62)	1.66(0.75)	1.42(0.54)	1.86(0.54)	1.69(0.67)	2.01(0.47)
		1,1,1,2,3	1,1,2,2,3	1,1,1,2,2	1,2,2,2,3	1,1,2,2,3	1,2,2,2,3
0.5	1.65	2.13(1.01)	1.93(0.83)	2.38(1.23)	2.43(0.87)	2.37(1.07)	2.55(0.85)
		1,1,2,3,4	1,1,2,2,3	1,1,2,3,5	1,2,2,3,4	1,2,2,3,4	2,2,2,3,4
1	2.72	1.06(0.24)	1.05(0.21)	1.08(0.27)	1.27(0.45)	1.14(0.34)	1.44(0.50)
		1,1,1,1,2	1,1,1,1,1	1,1,1,1,2	1,1,1,2,2	1,1,1,1,2	1,1,1,2,2
1.5	4.48	1.00(0.02)	1.00(0.01)	1.00(0.02)	1.02(0.13)	1.00(0.05)	1.07(0.26)
		1,1,1,1,1	1,1,1,1,1	1,1,1,1,1	1,1,1,1,1	1,1,1,1,1	1,1,1,1,2

表3.8(续表)

θ	δ	EC 控制图	cEC1控制图	cEC2控制图	cEC3控制图	EL控制图	cEL控制图
2	7.39	1.00(0.00) 1,1,1,1,1	1.00(0.00) 1,1,1,1,1	1.00(0.00) 1,1,1,1,1	1.00(0.01) 1,1,1,1,1	1.00(0.00) 1,1,1,1,1	1.00(0.06) 1,1,1,1,1
位置和尺度参数同时漂移($\theta, \delta = e^{\frac{\theta}{2}}$)							
−2	0.37	1.00(0.00) 1,1,1,1,1	1.00(0.00) 1,1,1,1,1	1.00(0.00) 1,1,1,1,1	1.00(0.00) 1,1,1,1,1	1.00(0.00) 1,1,1,1,1	1.00(0.00) 1,1,1,1,1
−1.5	0.47	1.00(0.00) 1,1,1,1,1	1.00(0.00) 1,1,1,1,1	1.00(0.00) 1,1,1,1,1	1.00(0.01) 1,1,1,1,1	1.00(0.00) 1,1,1,1,1	1.00(0.04) 1,1,1,1,1
−1	0.61	1.02(0.14) 1,1,1,1,1	1.03(0.17) 1,1,1,1,1	1.02(0.14) 1,1,1,1,1	1.16(0.37) 1,1,1,1,2	1.06(0.25) 1,1,1,1,2	1.31(0.46) 1,1,1,2,2
−0.5	0.78	2.55(1.28) 1,2,2,3,5	2.97(1.59) 1,2,3,4,6	2.26(1.02) 1,2,2,3,4	2.80(1.09) 1,2,3,3,5	2.87(1.37) 1,2,3,4,5	2.97(1.10) 2,2,3,4,5
0.5	1.28	3.78(2.10) 1,2,3,5,8	3.05(1.55) 1,2,3,4,6	4.59(2.41) 1,3,4,6,9	3.67(1.59) 2,3,3,4,7	4.12(2.19) 2,3,4,5,8	3.83(1.63) 2,3,4,5,7
1	1.65	1.33(0.50) 1,1,1,2,2	1.26(0.45) 1,1,1,2,2	1.42(0.59) 1,1,1,2,2	1.69(0.50) 1,1,2,2,2	1.46(0.56) 1,1,1,2,2	1.86(0.42) 1,2,2,2,2
1.5	2.12	1.01(0.10) 1,1,1,1,1	1.00(0.07) 1,1,1,1,1	1.02(0.13) 1,1,1,1,1	1.13(0.34) 1,1,1,1,2	1.03(0.16) 1,1,1,1,1	1.32(0.47) 1,1,1,2,2
2	2.72	1.00(0.00) 1,1,1,1,1	1.00(0.00) 1,1,1,1,1	1.00(0.00) 1,1,1,1,1	1.00(0.05) 1,1,1,1,1	1.00(0.00) 1,1,1,1,1	1.03(0.18) 1,1,1,1,1
位置和尺度参数同时漂移($\theta, \delta = e^{2\theta}$)							
−1	0.14	1.00(0.00) 1,1,1,1,1	1.00(0.00) 1,1,1,1,1	1.00(0.00) 1,1,1,1,1	1.00(0.00) 1,1,1,1,1	1.00(0.00) 1,1,1,1,1	1.00(0.00) 1,1,1,1,1
−0.5	0.37	1.01(0.08) 1,1,1,1,1	1.01(0.10) 1,1,1,1,1	1.00(0.05) 1,1,1,1,1	1.10(0.29) 1,1,1,1,2	1.02(0.14) 1,1,1,1,1	1.27(0.45) 1,1,1,2,2

表3.8(续表)

θ	δ	EC 控制图	cEC1控制图	cEC2控制图	cEC3控制图	EL控制图	cEL控制图
−0.25	0.61	2.70(1.31) 1,2,2,3,5	3.29(1.55) 1,2,3,4,6	2.28(0.98) 1,2,2,3,4	2.74(0.95) 2,2,3,3,4	2.94(1.37) 1,2,3,4,5	2.85(0.95) 2,2,3,3,5
0.25	1.65	2.90(1.54) 1,2,3,4,6	2.61(1.29) 1,2,2,3,5	3.33(1.89) 1,2,3,4,7	3.27(1.45) 2,2,3,4,6	3.29(1.68) 1,2,3,4,6	3.49(1.47) 2,2,3,4,6
0.5	2.72	1.24(0.45) 1,1,1,1,2	1.25(0.44) 1,1,1,1,2	1.27(0.48) 1,1,1,2,2	1.55(0.55) 1,1,2,2,2	1.40(0.54) 1,1,1,2,2	1.72(0.54) 1,1,2,2,2
1	7.39	1.00(0.04) 1,1,1,1,1	1.00(0.04) 1,1,1,1,1	1.00(0.04) 1,1,1,1,1	1.03(0.17) 1,1,1,1,1	1.01(0.12) 1,1,1,1,1	1.07(0.25) 1,1,1,1,2

由表3.2至表3.8可以得出以下结论。

1) 当过程分布是均匀分布的，cEC2控制图在尺度参数不变的情况下，对位置参数的向下漂移检测效果最好，而对于位置参数的向上漂移，cEC1控制图性能最优。当只有尺度参数漂移而位置参数保持不变时，cEC3控制图的性能优于其他控制图。对于位置参数和尺度参数同时漂移，cEC2控制图的总体性能较好。

2) 对于正态分布，在只有位置参数漂移情况下所考虑控制图的性能表现与均匀分布的情况类似。当只有尺度参数向下漂移，cEL控制图的表现最好。在位置参数不变的情况下，EC控制图对尺度参数的小幅度向上漂移有较好的检测效率；但是，当尺度参数向上漂移量增大时，cEC3控制图优于其他控制图。如果位置参数与尺度参数同时变化，类似于均匀分布的情况，cEC2控制图具有较好的总体性能。对于Laplace分布，结论与正态分布相似。

3) 当过程服从柯西分布时，对于检测位置参数向下漂移而尺度参数不变，cEC2控制图总体性能表现最好，而cEC1控制图则是检测位置参数单一向上漂移的最优选择。当只有尺度参数向下漂移而位置参数不变时，cEL控制图优于其他控制图。然而，EC控制图对于检测尺度参数的单一向上漂移比其他控制图更快。对于两参数同时发生漂移的情况，在所考虑的六个控制图中没有任何一个控制图具有明显的优势。注意到当$\theta = -0.25$和$\delta = e^{2\theta} = 0.61$时，EC控制图是有偏的，即失控的$ARL_1$值大于受控的$ARL_0$值。总体上，cEC2控制图表现出更好的检测能力。

4) 对于Rayleigh分布和双参数指数分布，cEC1控制图总体性能表现最优。当过程分布是Gumbel分布时，cEC2控制图在检测位置参数向下漂移而尺度参数不变时性能最好，而cEC1控制图在检测位置参数向上漂移而尺度参数不变时表现最优。对于尺度参数单一向下漂移，cEC2控制图优于其他控制图。对于尺度参数发生较大向上漂移而位置参数不变，cEC2控制图也是最佳选择。然而，对于尺度参数发生较小向上漂移而位置参数不变，EC控制图表现最好。如果两参数同时漂移，cEC2控制图总体检测效率最高。

3.3.3 控制图的总体性能比较

由上小节的结论可知，不同的控制图适用于检测不同的过程参数漂移。然而，在实践中可能发生的漂移大小通常是未知的。因此，实际操作人员更倾向于使用不论可能漂移大小都具有整体良好性能的控制图。为此，Ryu等（2010）提出用于评估控制图总体性能的指标加权平均运行长度。由于需要同时监控位置和尺度两个参数，我们选择一种简单的加权方法（Ryu等，2010），简记为EARL，具体为

$$EARL = \int_c^d \int_a^b \omega(\theta,\delta) ARL(\theta,\delta|F) f_{\theta\delta}(\theta,\delta) \mathrm{d}\theta \mathrm{d}\delta, \quad (3.3)$$

式中：$\omega(\theta,\delta)$为权重，这里取$\omega(\theta,\delta) = 1$；$ARL(\theta,\delta|F)$为在过程分布$F$下，位置参数和尺度参数发生漂移$(\theta,\delta)$时，控制图的平均运行长度；$f_{\theta\delta}(\theta,\delta)$为$(\theta,\delta)$在区域$[a,b] \times [c,d]$的联合概率密度函数。

在实际中，$f_{\theta\delta}(\theta,\delta)$通常是未知的，一般可采用区域上的均匀分布，即$f_{\theta\delta}(\theta,\delta) = \frac{1}{(d-c)(b-a)}, a \leqslant \theta \leqslant b, c \leqslant \delta \leqslant d$。进而公式(3.3)可以写为

$$EARL = \frac{1}{(d-c)(b-a)} \int_c^d \int_a^b ARL(\theta,\delta|F) \mathrm{d}\theta \mathrm{d}\delta. \quad (3.4)$$

由于EWMA控制图主要用于检测过程参数的中小漂移，当需要检测较大漂移时，Shewhart控制图通常优于EWMA控制图。因此，本小节主要考虑参数漂移范围为$0 \leqslant \theta \leqslant 2, 1 \leqslant \delta \leqslant 2$，即$a = 0, b = 2, c = 1, d = 2$。对于更大的参数漂移，所考虑的六个控制图的检测效率几乎是一样的。为了便于计算，利用黎曼和近似计算公式(3.4)中的积分。使用R软件的"fields"和"Bolstad"包中的"smooth.2d"和"sintegral"函数进行计算。简便起见，主要考虑三个对称分布和两个偏态分布：$Uniform(\theta,\delta)$，$N(\theta,\delta)$，$Laplace(\theta,\delta)$，$Rayleigh(\theta,\delta)$和$SE(\theta,\delta)$。表3.9和表3.10分别给出了$\lambda = 0.05$和$\lambda = 0.1$时不同分布和不同(m,n)参数组合的EARL值，以便对控制图做总体性能比较。表中深灰色的阴影表示对应的EARL值是最小的，即控制图的总体性能最优；EC、cEC1、cEC2、cEC3、EL和cEL表示六个控制图。

表 3.9　控制图的EARL值(ARL_0=500,$\lambda = 0.05$)

	m=100,n=5,$\lambda = 0.05$						m=300,n=5,$\lambda = 0.05$						m=500,n=5,$\lambda = 0.05$					
分布	EC	cEC1	cEC2	cEC3	EL	cEL	EC	cEC1	cEC2	cEC3	EL	cEL	EC	cEC1	cEC2	cEC3	EL	cEL
Uniform	12.5	12.4	12.6	12.8	13.8	14.1	12.5	12.4	12.5	12.8	13.7	13.9	12.5	12.4	12.5	12.8	13.7	13.9
Normal	19.8	18.4	21.2	19.6	21.8	22.2	18.5	16.9	19.4	18.1	20.1	20.3	18.2	16.7	18.9	17.8	19.8	19.9
Laplace	26.8	24.1	28.0	25.3	30.0	29.2	24.2	21.5	25.5	22.6	26.2	25.7	23.4	21.0	24.7	22.1	25.5	25.0
Rayleigh	14.7	12.8	15.7	13.9	14.6	14.0	13.6	12.0	14.5	12.9	13.6	13.1	13.4	12.0	14.3	12.8	13.4	13.0
Shifted exponential	22.2	18.0	22.0	19.4	21.7	19.8	19.7	16.5	20.1	17.7	18.9	17.8	19.3	16.4	19.7	17.5	18.5	17.4
	m=100,n=10,$\lambda = 0.05$						m=300,n=10,$\lambda = 0.05$						m=500,n=10,$\lambda = 0.05$					
分布	EC	cEC1	cEC2	cEC3	EL	cEL	EC	cEC1	cEC2	cEC3	EL	cEL	EC	cEC1	cEC2	cEC3	EL	cEL
Uniform	11.2	11.1	11.4	11.3	11.9	11.9	11.2	11.0	11.2	11.2	11.8	11.8	11.2	11.0	11.2	11.2	11.7	11.7
Normal	16.1	15.3	16.6	15.9	17.2	17.2	14.3	13.7	14.6	14.0	15.3	15.2	14.0	13.4	14.2	13.8	15.0	14.8
Laplace	20.4	19.5	20.8	20.3	22.1	22.0	17.4	16.4	17.4	16.8	18.6	18.4	16.8	15.8	16.9	16.2	17.9	17.6
Rayleigh	11.6	11.1	11.7	11.3	11.7	11.3	11.1	10.7	11.2	10.9	11.2	10.9	11.0	10.6	11.1	10.8	11.1	10.9
Shifted exponential	14.6	13.7	15.0	14.3	15.1	14.7	13.2	12.5	13.5	13.0	13.5	13.3	13.0	12.4	13.2	12.8	13.3	13.0
	m=100,n=15,$\lambda = 0.05$						m=300,n=15,$\lambda = 0.05$						m=500,n=15,$\lambda = 0.05$					
分布	EC	cEC1	cEC2	cEC3	EL	cEL	EC	cEC1	cEC2	cEC3	EL	cEL	EC	cEC1	cEC2	cEC3	EL	cEL
Uniform	10.7	10.6	10.8	10.7	11.1	11.1	10.6	10.5	10.7	10.6	11.0	11.0	10.6	10.5	10.6	10.6	11.0	11.0
Normal	14.5	14.0	14.6	14.3	15.3	15.1	12.8	12.4	12.8	12.5	13.4	13.2	12.5	12.1	12.5	12.3	13.1	13.0
Laplace	18.1	17.5	18.0	18.0	19.2	18.9	14.9	14.3	14.7	14.5	15.8	15.4	14.3	13.8	14.2	14.0	15.1	14.8
Rayleigh	10.8	10.5	10.8	10.6	10.9	10.7	10.5	10.3	10.5	10.4	10.5	10.4	10.4	10.3	10.5	10.3	10.5	10.4
Shifted exponential	13.2	12.7	13.3	13.1	13.6	13.3	11.9	11.5	12.1	11.8	12.2	11.9	11.7	11.3	11.9	11.6	12.0	11.7

表 3.10 控制图的**EARL**值(ARL_0=**500**,$\lambda = 0.1$)

	m=100,n=5,$\lambda = 0.1$						m=300,n=5,$\lambda = 0.1$						m=500,n=5,$\lambda = 0.1$					
分布	EC	cEC1	cEC2	cEC3	EL	cEL	EC	cEC1	cEC2	cEC3	EL	cEL	EC	cEC1	cEC2	cEC3	EL	cEL
Uniform	12.4	12.2	12.6	12.8	13.6	14.0	12.4	12.2	12.5	12.7	13.5	13.7	12.4	12.2	12.5	12.7	13.5	13.7
Normal	20.4	18.6	22.7	20.4	22.3	23.0	18.8	17.2	20.3	18.6	20.5	20.8	18.6	17.0	20.0	18.4	20.1	20.3
Laplace	28.2	25.0	31.4	26.8	31.1	31.2	25.1	22.3	28.0	23.7	27.1	27.2	24.6	21.9	27.6	23.2	26.4	26.4
Rayleigh	15.1	13.0	17.7	14.3	14.9	14.2	13.9	12.1	16.1	13.2	13.8	13.2	13.7	12.1	15.9	13.0	13.5	13.0
Shifted exponential	25.3	19.3	27.0	21.2	22.9	20.7	22.5	17.9	25.4	19.4	20.1	18.5	21.8	17.7	25.4	19.1	19.7	18.2
	m=100,n=10,$\lambda = 0.1$						m=300,n=10,$\lambda = 0.1$						m=500,n=10,$\lambda = 0.1$					
分布	EC	cEC1	cEC2	cEC3	EL	cEL	EC	cEC1	cEC2	cEC3	EL	cEL	EC	cEC1	cEC2	cEC3	EL	cEL
Uniform	11.1	11.0	11.3	11.2	11.7	11.8	11.0	10.9	11.1	11.1	11.6	11.6	11.0	10.9	11.1	11.0	11.6	11.6
Normal	16.2	15.5	17.2	16.2	17.5	17.7	14.4	13.7	15.1	14.2	15.4	15.4	14.1	13.4	14.8	13.8	15.0	15.0
Laplace	20.9	20.0	21.9	20.8	22.9	23.0	17.8	16.7	18.4	17.2	19.1	19.1	17.2	16.1	17.9	16.6	18.3	18.3
Rayleigh	11.8	11.2	12.1	11.4	11.8	11.5	11.1	10.7	11.3	10.9	11.2	10.9	11.1	10.6	11.2	10.8	11.1	10.8
Shifted exponential	14.8	14.0	15.6	14.6	15.4	15.1	13.3	12.6	13.8	13.1	13.6	13.5	13.1	12.5	13.5	12.9	13.4	13.2
	m=100,n=15,$\lambda = 0.1$						m=300,n=15,$\lambda = 0.1$						m=500,n=15,$\lambda = 0.1$					
分布	EC	cEC1	cEC2	cEC3	EL	cEL	EC	cEC1	cEC2	cEC3	EL	cEL	EC	cEC1	cEC2	cEC3	EL	cEL
Uniform	10.6	10.6	10.7	10.7	11.0	11.0	10.5	10.5	10.6	10.5	10.9	10.9	10.5	10.4	10.6	10.5	10.9	10.8
Normal	14.6	14.1	15.0	14.5	15.4	15.5	12.8	12.4	13.0	12.6	13.4	13.3	12.5	12.1	12.7	12.3	13.1	13.0
Laplace	18.4	17.9	18.7	18.3	19.7	19.9	15.0	14.5	15.2	14.7	16.0	15.9	14.5	13.9	14.6	14.1	15.3	15.1
Rayleigh	10.9	10.6	10.9	10.7	10.9	10.7	10.5	10.3	10.5	10.3	10.5	10.4	10.4	10.2	10.4	10.3	10.4	10.3
Shifted exponential	13.3	12.8	13.6	13.2	13.7	13.6	11.9	11.6	12.2	11.8	12.2	12.1	11.7	11.4	12.0	11.7	11.9	11.8

从表3.9和表3.10可知，在所有考虑的情况下，cEC1控制图的EARL值均为最小，即总体性能表现最优。

3.4 实例应用

引信117是阿尔卡特公司批量生产的重要产品，是一种瞄准式定向引信，主要用于榴弹炮和野战炮（高爆型）的小角度撞击。引信117MK20中有30多个独立部件，如套管、撞针、雷管等。由于引信117MK20是由多个部件组成的，因此对每个部件进行严格的质量控制对于确保引信117MK20的功能极其重要。本节主要监控套管部件的特性。套管的原材料是从相关供应商处采购的黄铜棒。套管尺寸的改变可能导致冲击力不足，使撞针没有足够的力，不能穿透雷管，导致引爆。因此，对套管内直径和外直径的监测是保证引信117MK20功能的一个重要方面。由于套管直径的重要性，大多数制造商都会进行100%的检查。质量控制部门以在线检测的形式对加工部件进行定期监控，套管的直径测量在这一阶段完成。检测中发现的任何异常情况都会立即通知加工部门，并尽早进行纠正。套管外直径的目标值为27.03 mm，公差为$27.03^{+0.05}_{-0.05}$ mm。任直径超过公差上限的套管需要进一步加工，但低于公差下限的套管将报废。

本节将使用提出的控制图监控套管的外径数据。表3.11包含510个外径数据。在实践中，阶段I数据的收集和分析是统计过程监测的基础，对阶段II的在线监控也是至关重要的。首先使用前210个数据用于阶段I分析。采用Capizzi和Masarotto（2013）提出的RS/P非参数阶段I方法检测位置参数和尺度参数，可以通过R软件包"dfphase1"实现。

分析结果表明，210个测量值均落在可控区域。Li等（2019）提出了一种基于多样本Lepage统计量的非参数阶段I控制图。采用此控制图进一步检验210个测量值的可控性。结果显示没有失控信号。因此，可以将这210个外径数据视为参考样本，即参考样本容量为$m = 210$。通过检验数据集发现数据分布是非正态的。Shapiro正态性检验的P值很小，为4.181×10^{-9}。在这种情况下，强烈建议采用非参数控制图监测此数据集。将接下来的300个外径测量值用作阶段II数据，由30个子组组成，每个子组的容量为$n = 10$。

为了使用第3.2节提出的控制图监控套管的外径数据，首先基于$m = 210, n = 10, \lambda = 0.05$以及$ARL_0 = 500$计算六个控制图的上控制限。经过Monte-Carlo模拟计算出的每个控制图的上控制限值，如表3.12所示。表3.12中也给出了六个控制图相应的30个检验统计量值，其中深灰色阴影表示对应的检验统计量超过上控制限，发出失控信号。图3.1进一步绘制了EC、cEC1、cEC2、cEC3、EL和cEL控制图的30个检验统计量值和相应的上控制限。从表3.12和图3.1观察到六个控制图均显示前三个检验样本是可控的，而从第25个检验样本到第30个检验样本显示过程失控。除此之外，EL和EC控制图从检验样本4到检验样本9显示过程失控。cEC1控制图从第4个检验样本到第10个检验样本以及第12、15和24个检验样本处发出失控信号。cEC2控制图显示第4、5和24个检验样本失控。cEC3控制图在第4、15和24个检验样本处发出报警信号。cEL控制图仅发现检验样本15和24失控。显然，对于此数据集，cEC1控制图比其他控制图检测效率更高，这与第3.3节的模拟结果是一致的。因此，在实际应用中，当过程分布未知时推荐使用cEC1控制图。

3.5 本章小结

本章提出Cucconi统计量可以分解为位置参数检验统计量和尺度参数检验统计量的平方和，类似于熟知的Lepage统计量。另外，这种分解并不唯一，本章给出了三种不同类型的分解形式。基于此，进一步提出六个非参数EWMA控制图，用于位置参数和尺度参数的联合检测。六个控制图中有两个是已有的EL和EC控制图，其他四个新的控制图是基于Lepage和Cucconi表达式中两个分量的EWMA统计量的最大值，分别简称为cEL、cEC1、cEC2和cEC3。详细讨论了六个控制图的设计实施步骤、受控和失控的性能。比较研究结果表明，基于Cucconi统计量的三个cEWMA控制图，即cEC1、cEC2和cEC3的总体性能是非常好的。尤其是检测位置参数和尺度参数的向上漂移，对于所有考虑的过程分布和参数组合，cEC1控制图的总体性能都是最优的。最后通过监控引信117MK20的套管的外直径数据，说明所提出控制图在实际应用中的意义。在此实例中，cEC1控制图的检测效率最高。因此，在实际应用中，当过程分布未知且需联合检测位置参数和尺度参数时，推荐使用cEC1控制图。

表 3.11　套管外直径数据集

序号	阶段I样本
1	27.02, 27.05, 27.06, 27.09, 27.02, 27.05, 27.01, 26.82, 26.85, 27.02
2	27.05, 27.01, 27.04, 27.03,27.02, 27.02, 27.05, 27.02, 27.05, 27.06
3	27.03, 27.06, 27.05, 27.04, 27.02, 27.03, 27.02, 27.05,27.06, 27.02
4	27.07, 26.99, 27.02, 27.06, 27.05, 27.05, 27.03, 27.06, 27.02, 27.04
5	27.05, 27.02,27.04, 27.06, 27.05, 27.04, 27.08, 27.03, 26.98, 27.02
6	26.97, 27.01, 27.05, 27.08, 27.11, 27.03,27.04, 27.06, 27.04, 27.01
7	26.99, 27.11, 27.13, 27.18, 27.02, 27.06, 27.05, 27.04, 27.01, 27.05
8	27.03, 26.99, 26.99, 27.01, 27.06, 27.08, 27.07, 27.01, 27.06, 27.05
9	27.07, 27.09, 27.11, 27.00,27.03, 27.02, 26.97, 27.04, 27.06, 27.07
10	27.09, 27.01, 27.00, 27.09, 27.04, 27.02, 27.01, 27.00,27.05, 27.06
11	27.04, 27.07, 27.09, 27.02, 27.11, 27.04, 27.00, 27.00, 27.02, 27.04
12	26.98, 27.0027.03, 27.00, 27.03, 27.01, 27.06, 26.99, 26.98, 27.00
13	27.03, 27.01, 27.00, 27.03, 27.02, 27.01,27.04, 27.02, 27.02, 27.05
14	27.01, 27.03, 27.01, 26.98, 26.97, 27.05, 27.08, 27.03, 27.02, 27.06
15	27.04, 27.04, 27.07, 27.02, 27.03, 27.06, 27.05, 27.08, 27.00, 27.06
16	27.07, 27.05, 27.05, 27.07,27.08, 27.02, 27.06, 27.05, 27.00, 27.03
17	27.06, 27.02, 27.06, 27.07, 27.05, 27.08, 27.00, 27.02,27.05, 27.05
18	27.09, 27.02, 27.06, 26.99, 27.03, 27.05, 26.98, 26.96, 27.05, 27.10
19	26.98, 26.92,26.99, 26.96, 27.00, 27.01, 26.97, 27.03, 27.06, 27.01
20	27.05, 27.04, 27.00, 27.02, 27.03, 26.98,27.03, 27.04, 27.01, 27.04
21	27.02, 26.97, 26.98, 27.03, 27.04, 27.01, 27.04, 27.02, 26.97, 27.17
序号	阶段II样本
1	26.98,26.98, 26.99, 26.98, 27.02, 27.03, 27.00, 27.03, 27.01, 27.05
2	27.04, 27.02, 26.98, 27.03,27.01, 27.04, 27.01, 27.02, 26.99, 26.99
3	27.03, 27.05, 27.02, 27.01, 27.04, 27.03, 27.03, 27.02,27.03, 27.05
4	27.03, 27.06, 27.06, 27.09, 27.08, 27.11, 27.09, 27.08, 27.06, 27.00
5	27.01, 27.02,26.99, 26.98, 26.99, 26.99, 27.03, 27.03, 27.08, 27.05
6	27.02, 27.05, 27.06, 27.04, 26.93, 27.01,27.03, 27.06, 27.08, 26.98
7	26.98, 26.96, 27.03, 27.02, 27.00, 27.05, 27.03, 27.05, 27.01, 27.06
8	27.05, 27.03, 27.08, 26.99, 27.05, 27.06, 27.05, 27.03, 27.08, 27.04
9	27.03, 27.00, 26.98, 27.03,27.06, 27.02, 27.05, 27.01, 26.96, 26.95
10	27.05, 27.01, 27.03, 27.05, 27.06, 26.98, 27.03, 27.05,27.06, 26.98
11	27.03, 27.05, 27.06, 26.98, 27.03, 27.05, 27.01, 27.06, 27.05, 27.03
12	27.01, 27.02,26.99, 26.95, 26.98, 27.04, 27.01, 27.06, 27.02, 27.03
13	27.02, 27.05, 27.06, 27.01, 27.05, 27.02,26.96, 26.99, 26.98, 26.95
14	27.03, 27.01, 27.06, 27.02, 27.00, 27.05, 27.04, 27.01, 26.96, 27.00
15	26.98, 27.04, 27.03, 27.01, 26.95, 27.01, 26.95, 26.98, 27.03, 27.04
16	27.01, 27.06, 27.02, 27.00,27.05, 27.03, 26.98, 27.04, 27.01, 27.06
17	27.02, 27.02, 27.05, 27.08, 26.98, 27.03, 27.01, 27.05,27.03, 27.05
18	26.98, 27.05, 27.00, 27.04, 27.01, 27.04, 27.02, 26.98, 27.03, 27.01
19	26.95, 27.05,27.02, 27.00, 26.98, 27.05, 27.08, 27.03, 27.06, 27.04
20	27.08, 27.04, 26.98, 26.95, 27.03, 27.06,27.01, 27.03, 27.02, 27.00
21	27.05, 27.03, 27.00, 27.05, 27.06, 27.09, 27.01, 27.05, 27.03, 27.02
22	27.03, 26.99, 27.01, 27.00, 27.03, 27.06, 27.01, 27.05, 27.13, 27.02
23	27.06, 26.95, 26.98, 26.93,27.07, 27.03, 27.01, 27.00, 27.03, 27.00
24	27.03, 27.05, 27.03, 27.06, 27.07, 27.05, 27.06, 27.07,27.07, 27.09
25	27.08, 27.09, 27.07, 27.07, 27.09, 27.07, 27.08, 27.06, 27.08, 27.10
26	27.11, 27.09,27.05, 27.01, 26.98, 27.08, 27.08, 27.07, 27.10, 27.05
27	27.13, 27.12, 27.05, 27.07, 27.11, 27.05,27.08, 27.03, 27.06, 27.08
28	27.01, 26.99, 26.98, 27.00, 27.01, 27.01, 27.03, 27.00, 27.03, 27.01
29	27.05, 27.01, 27.02, 26.98, 26.95, 27.01, 27.05, 27.03, 27.05, 27.08
30	27.09, 27.03, 27.05, 27.01,26.98, 26.98, 27.03, 27.00, 27.05, 27.08

表 3.12　对套管外直径数据检测的控制图的检验统计量值

序号	EC控制图 $UCL=1.419$	cEC1控制图 $UCL=1.655$	cEC2控制图 $UCL=1.655$	cEC3控制图 $UCL=1.648$	EL控制图 $UCL=2.850$	cEL控制图 $UCL=1.659$
1	1.054	1.146	1.144	1.158	2.108	1.158
2	1.094	1.254	1.168	1.227	2.187	1.227
3	1.217	1.238	1.271	1.260	2.535	1.362
4	1.604	1.877	1.787	1.656	3.237	1.656
5	1.560	1.842	1.698	1.642	3.145	1.642
6	1.494	1.763	1.637	1.567	3.007	1.567
7	1.430	1.695	1.559	1.508	2.879	1.508
8	1.450	1.783	1.494	1.614	2.917	1.614
9	1.435	1.771	1.450	1.635	2.877	1.635
10	1.370	1.695	1.390	1.567	2.747	1.567
11	1.338	1.642	1.385	1.538	2.687	1.538
12	1.326	1.668	1.410	1.569	2.666	1.569
13	1.332	1.640	1.462	1.582	2.675	1.582
14	1.292	1.609	1.419	1.545	2.589	1.545
15	1.337	1.714	1.564	1.682	2.673	1.682
16	1.278	1.632	1.486	1.599	2.546	1.599
17	1.240	1.554	1.436	1.531	2.480	1.531
18	1.235	1.573	1.409	1.528	2.456	1.528
19	1.181	1.499	1.339	1.453	2.345	1.453
20	1.132	1.438	1.292	1.398	2.246	1.398
21	1.115	1.407	1.300	1.387	2.210	1.387
22	1.061	1.337	1.235	1.318	2.105	1.318
23	1.109	1.335	1.335	1.367	2.175	1.367
24	1.320	1.801	1.669	1.794	2.586	1.794
25	2.120	3.142	2.200	2.749	4.131	2.749
26	2.398	3.546	2.516	2.986	4.676	2.986
27	2.807	4.320	2.960	3.583	5.419	3.583
28	2.822	4.414	2.900	3.686	5.443	3.686
29	2.683	4.194	2.756	3.504	5.177	3.504
30	2.562	3.988	2.645	3.329	4.938	3.329

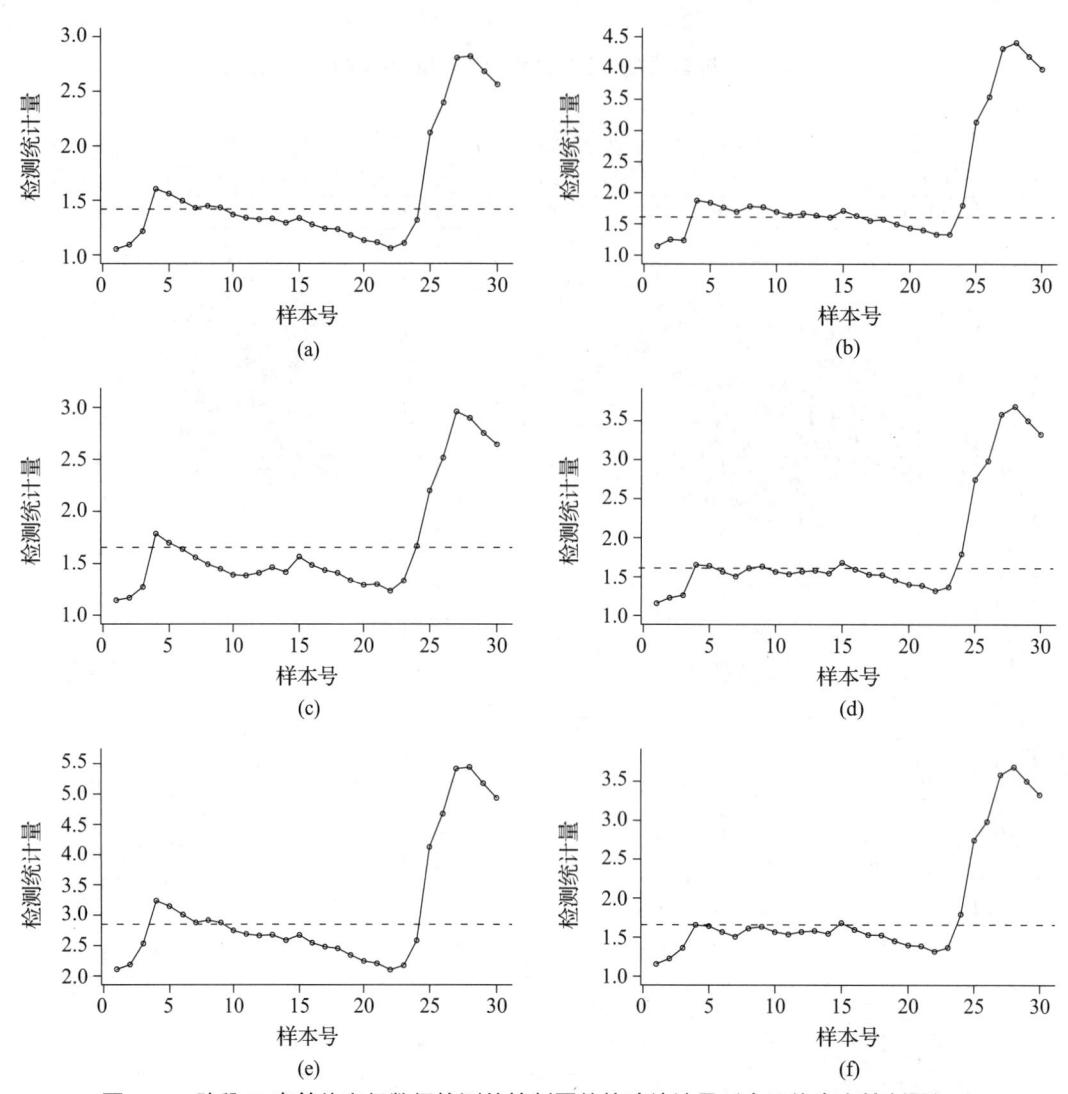

图 3.1 阶段 II 套管外直径数据检测的控制图的检验统计量（水平线为上控制限）
(a)EC控制图；(b)cEC1控制图；(c)cEC2控制图；(d)cEC3控制图；(e)EL控制图；(f)cEL控制图

第4章 具有动态FIR机制的联合检测位置和尺度的非参数EWMA控制图的优化设计

4.1 引言

  非参数控制图的优点是不需要事先指定过程分布函数，控制图是稳健的，而缺点是在某些情况下检测效率不高。提高非参数控制图检测效率的一个简单方法是采用快速初始响应（FIR）机制。在实际服务过程中，有时在服务初期就会发生质量波动，比如新组建的客户服务团队启动运营时，可能会因岗前培训不到位导致服务流程执行偏差。金融机构上线智能客服系统初期，若对话逻辑配置不当，可能引发应答准确率下降和响应延迟增加的情况。这就需要设计的控制图对过程早期变化很敏感。FIR机制有助于更快地检测早期失控情况。Lucas和Crosier（1982）首先提出了带FIR特征的CUSUM控制图。他们对CUSUM控制图检验统计量的初值指定某个非零常数，该非零初值有助于更快地检测早期参数变化。Lucas和Saccucci（1990）提出了类似的带FIR特征的EWMA控制图。近年来，许多学者提出了不同类型的带FIR控制图（Lu, 2016；Abbasia等, 2017；Sanusi等, 2017;Haq和Munir, 2018）。但是大多数研究主要主要聚焦于具有FIR特征控制图的失控性能，而较少考虑FIR特征对早期误报率的影响。Knoth（2005），指出FIR特征有助于实现控制图对早期变化更高的灵敏度，但它也加大了小步长误报的可能性。一方面，太多的误报警会增加生产成本，并导致使用者对控制图的可靠性产生怀疑。另一方面，设置非常低的小步长误报率又会降低控制图的检测效率，导致参数漂移出现时检测延迟。因此，需要提出一种方法，优化具有FIR特征控制图的设计，能够同时保证两个目标：较低的小步长误报率和较高的检测效率，即在小步长误报率和检测效率之间取得平衡。正如Knoth（2005）所指出，基于FIR的EWMA控制图比传统的EWMA控制图需要更宽的控制限。因此，如果不是在过程初始阶段发生参数漂移，基于FIR的EWMA控制图反而比传统的EWMA控制图检测漂移更慢。也就是说，FIR机制的实际好处是可以更快地检测初始阶段失控情况。因此，本章主要关注阶段II监测过程初始阶段可能发生的变化，通常被称为零状态下的漂移。另外，以往具有FIR机制的单边控制图大多将初始值设置为真值和控制限之间的中间值。与以往带FIR控制图设定50%的头始发

（head start）机制不同，本章提出一个利用动态初始值的方法来优化控制图的性能：将小步长误报率设为给定值，选择最优参数组合使带FIR控制图的早期检测效率达到最大，即通过优化FIR特征来实现小步长误报率和检测效率的平衡。

传统的控制图大多是在已知过程分布函数形式的前提下构建的。在实践中，这种假设往往不成立。因此，很多学者主张使用非参数控制图。近年来，发展了许多不同类型的非参数控制图。感兴趣的读者可以查阅Qiu（2014）的第8章和第9章，了解有关非参数控制图的更多详细信息。

在实际应用中，过程漂移可能同时发生在位置参数和尺度参数上。因此，近年来基于单个统计量用于位置参数和尺度参数联合检测的非参数控制图受到了广泛的关注（Mukherjee和Marozzi，2017a，2017b；Chong等，2018；Mukherjee和Sen，2018；Song等，2019）。Mukherjee和Chakraborti（2012）以及Chowdhury等（2014）分别基于Lepage和Cucconi统计量，构建用于联合检测位置参数和尺度参数的Shewhart控制图。Mukherjee（2017a；2017b）进一步提出基于Lepage和Cucconi统计量的非参数EWMA控制图，即EL和EC控制图。注意到非参数控制图的受控性能稳健，但在某些情况，失控状态下的性能是低效的（Qiu，2018）。为了解决这一问题，我们将所提出的优化模型应用于带FIR特征的EL和EC控制图，使得在特定的小步长误报率下，有效地检测位置参数和尺度参数在过程初始阶段的变化（Song等，2020）。

本章其余部分的结构组织如下：4.2节，介绍4个带FIR机制的非参数EWMA控制图；4.3节讨论具有FIR特征的EWMA控制图的优化方法；4.4节将所提出的控制图在最优参数下进行比较；4.5节给出了两个应用实例；4.6节对本章内容进行总结。

4.2 非参数EWMA控制图

假设$\boldsymbol{X}_m = (X_1, X_2, \cdots, X_m)$是来自阶段I独立同分布的历史参考样本，其累计分布函数为$F(x)$。$\boldsymbol{Y}_j = (Y_{j1}, Y_{j2}, \cdots, Y_{jn}), j = 1, 2, \cdots$是来自阶段II的样本容量为$n$的第$j$组检验样本，并假设与参考样本独立，其累计分布函数为$G(x)$。当过程受控时，$F = G$；当过程的位置参数或、尺度参数发生漂移，$G(x) = F(\frac{x-\theta}{\delta}), -\infty < \theta < \infty, \delta > 0$,其中$\theta$和$\delta$分别代表未知的位置参数和尺度参数漂移大小。当$\theta = 0$和$\delta = 1$，表示过程受控；$\theta \neq 0, \delta = 1$表示只发生了位置参数漂移；$\theta = 0, \delta \neq 1$表示只发生了尺度参数漂移；$\theta \neq 0, \delta \neq 1$表示位置参数和尺度参数同时发生漂移。

4.2.1 EL控制图

本节首先简要回顾EL控制图，并加入FIR特征。Mukherjee（2017a）提出基于Lepage统计量的非参数EWMA控制图，用于阶段II联合监控过程位置参数和尺度参数，简称EL控制图。Lepage统计量是检测位置参数的标准化WRS统计量和检测尺度参数的标准化AB统计量的平方和。WRS统计量和AB统计量分别定义为

$$T_{W,j} = \sum_{i=1}^{n} R_{ji},$$

$$T_{AB,j} = \sum_{i=1}^{n} \left| R_{ji} - \frac{N+1}{2} \right|.$$

式中：R_{ji}是$Y_{ji}, i=1,2,\cdots,n$在混合样本中的秩。

因而Lepage统计量定义为

$$S_j = \begin{cases} \left(\dfrac{T_{W,j} - \dfrac{n(N+1)}{2}}{\sqrt{\dfrac{mn(N+1)}{12}}}\right)^2 + \left(\dfrac{T_{AB,j} - \dfrac{n(N^2-1)}{4N}}{\sqrt{\dfrac{mn(N+1)(N^2+3)}{48N^2}}}\right)^2, & \text{当}N\text{是奇数} \\ \left(\dfrac{T_{W,j} - \dfrac{n(N+1)}{2}}{\sqrt{\dfrac{mn(N+1)}{12}}}\right)^2 + \left(\dfrac{T_{AB,j} - \dfrac{nN}{4}}{\sqrt{\dfrac{mn(N^2-4)}{48(N-1)}}}\right)^2, & \text{当}N\text{是偶数}. \end{cases}$$

进一步，EL控制图的检验统计量定义为$Z_j = \max\{2, \lambda S_j^2 + (1-\lambda)Z_{j-1}\}$，$j = 1,2,\cdots$，由$E(S_j^2|IC) = 2$可知初始值$Z_0 = 2$。$0 < \lambda \leqslant 1$是光滑参数。Mukherjee（2017a）指出$S_j^2$的方差近似为4。因此，精确上控制限为如下形式：

$$UCL = 2 + L\sqrt{\frac{4\lambda}{2-\lambda}(1-(1-\lambda)^{2j})}. \tag{4.1}$$

在公式(4.1)中，令j趋于无穷大，得到EL控制图的渐近上控制限，由下式给出：

$$UCL = 2 + L\sqrt{\frac{4\lambda}{2-\lambda}}. \tag{4.2}$$

下面将给出一些具有FIR特征的EL控制图，用于提高对初始阶段漂移的检测性能。

（1）EL-fir控制图

Lucas和Saccucci（1990）提出了具有FIR特征的EWMA控制图，用以提高初始阶段的性能。根据Lucas和Saccucci（1990），设计了带FIR的具有渐近控制限的EL控制

图，简称EL-fir，如下式：

$$C = \inf\left\{j \in \mathbf{N} \mid Z_j > 2 + L\sqrt{\frac{4\lambda}{2-\lambda}}\right\}.$$

当Z_j超过控制限$2 + L\sqrt{\frac{4\lambda}{2-\lambda}}$，EL-fir控制图发出失控警报。变量$C$是控制图从检测开始到首次报警为止所抽取的样本数。设置初始值$Z_{0h} = 2 + h \times L\sqrt{\frac{4\lambda}{2-\lambda}}$，其中，$h(0 \leqslant h \leqslant 1)$是头始发参数。当$h = 0$时，EL-fir控制图就是控制限为公式（4.2）表示的EL控制图。

（2）EL-fvacl控制图

Rhoads等（1996）提出了带FIR特征的具有时变控制限的EWMA控制图。遵循同样的想法，设计带FIR的具有时变控制限即公式(4.1)的EL控制图，简称EL-fvacl，可表示为如下形式：

$$C = \inf\left\{j \in \mathbf{N} \mid Z_j > 2 + L\sqrt{\frac{4\lambda}{2-\lambda}(1-(1-\lambda)^{2j})}\right\},$$

初始值为$Z_{0h} = 2 + h \times L\sqrt{\frac{4\lambda}{2-\lambda}(1-(1-\lambda)^2)} = 2 + h \times L\sqrt{\frac{4\lambda}{2-\lambda}(\lambda(2-\lambda))}$（Knoth；2005）。

4.2.2 EC控制图

Mukherjee（2017b）基于Cucconi统计量提出一个非参数的EWMA控制图，简称EC控制图，用于联合检测过程位置参数和尺度参数。本小节简要回顾EC控制图的构造，并利用FIR特征进一步扩展其设计。在给出这些控制图之前，首先简要回顾一下Cucconi统计量。

定义如下统计量：

$$T_{1,j} = \sum_{k=1}^{N} kI_k, S_{1,j} = \sum_{k=1}^{N} k^2 I_k.$$

式中：I_k为示性函数，在混合样本中，若第k个顺序统计量是参考样本$\boldsymbol{X}$中的测量值，则$I_k = 0$，若第k个顺序统计量是检验样本$\boldsymbol{Y}_j$中的测量值，则$I_k = 1$；$T_{1,j}$为WRS统计量用于检验位置参数；$S_{1,j}$为第j个检验样本在混合样本中秩的平方和。

第j个检验样本在混合样本中的反秩的平方和$S_{2,j}$,可表示为

$$S_{2,j} = \sum_{k=1}^{N}(N+1-k)^2 I_k = n(N+1)^2 - 2(N+1)T_{1,j} + S_{1,j}.$$

进一步，定义标准化的统计量：$U_j = \frac{S_{1,j} - \mu_1}{\sigma_1}, V_j = \frac{S_{2,j} - \mu_2}{\sigma_2}$ 以及 $\rho = Corr(U_j, V_j|\text{IC})$，其中$(\mu_1, \mu_2)$和$(\sigma_1, \sigma_2)$分别是$S_{1,j}$和$S_{2,j}$的均值和标准差，$\rho$代表$U_j$和$V_j$的相关系数（具体表达式参见3.2.2小节）。

因而，Cucconi统计量定义为

$$C_j = \frac{U_j^2 + V_j^2 - 2\rho U_j V_j}{2(1-\rho^2)}.$$

由于$E(C_j|\text{IC}) = 1$，$Var(C_j|\text{IC}) = 1$，EC控制图的检验统计量可表示为$Z_j = \max\{1, \lambda C_j + (1-\lambda)Z_{j-1}\}$，$j = 1, 2, \cdots$，初始值设为$Z_0 = 1$。EC控制图的精确上控制限为如下形式：

$$UCL = 1 + L\sqrt{\frac{\lambda}{2-\lambda}(1-(1-\lambda)^{2j})}. \tag{4.3}$$

在公式（4.3）中，令j趋于无穷大，可得EC控制图的渐近上控制限，由下式给出：

$$UCL = 1 + L\sqrt{\frac{\lambda}{2-\lambda}}. \tag{4.4}$$

下面将4.2.1小节中类似的FIR特征合并到EC控制图中，以便更快地检测初始失控情况。

（1）EC-fir控制图

根据Lucas和Saccucci（1990）提出的FIR方法，设计带FIR特征的具有渐近控制限的EC控制图，简称EC-fir，具体如下式：

$$C = \inf\left\{j \in \mathbf{N} \mid Z_j > 1 + L\sqrt{\frac{\lambda}{2-\lambda}}\right\}.$$

设置初始值为$Z_{0h} = 1 + h \times L\sqrt{\frac{\lambda}{2-\lambda}}$。当$h = 0$时，EC-fir控制图就是控制限为公式(4.4)形式的EC控制图。

（2）EC-fvacl控制图

基于时变控制限(即公式(4.3))，设计带FIR的EC控制图，简称EC-fvacl控制图，具体构造方法如下：

$$C = \inf\left\{j \in \mathbf{N} \mid Z_j > 1 + L\sqrt{\frac{\lambda}{2-\lambda}(1-(1-\lambda)^{2j})}\right\},$$

初始值设为$Z_{0h} = 1 + h \times L\sqrt{\frac{\lambda}{2-\lambda}(\lambda(2-\lambda))}$（参见Knoth；2005）。

4.3 带FIR的EWMA控制图的设计方案

在本节中，我们详细讨论FIR-EWMA控制图的设计方案，以在控制小步长误报率的情况下提高过程初始阶段的检测灵敏度。

4.3.1 带FIR的EWMA控制图的最优设计

多年来，在控制图中使用FIR特征引起了学者的广泛关注。然而，现有的大多数具有FIR特征的控制图都将检测统计量的初始值设置为过程真值和控制限之间的中间值。也就是说，它们是基于50%的初始响应值。带FIR的控制图对初始阶段失控的检测性能通常比传统控制图更好，然而，小步长误报率却会增加。因此，我们致力于设计一个基于FIR的最优EWMA控制图，动态选择初始响应值或起始值Z_{0h}，在不影响早期误报率的情况下，提高控制图的检测灵敏度。

ARL通常被用来作为评估控制图性能的评价指标。但是，由于FIR特征对早期检测更有意义，因此提出两个新的评价指标：一是累计无条件误报率（$CUFAP$），可表示为$CUFAP(x) = P(RL \leqslant x\,|\text{IC})$，其中变量$RL$为控制图的运行长度；另一个是累计无条件正确报警率（$CUTSP$），可表示为$CUTSP(x) = P(RL \leqslant x\,|\text{OOC})$。进一步，采用一个简单的算法实现带FIR的EWMA控制图的最优设计，具体步骤如下。

1) 令$\xi \in [0,1]$是由实际操作人员事先选择的一个较小的正分数，代表$CUFAP(W)$的最大容忍值。当头始发参数$h = 0$时（即无FIR特征），对于事先给定的W和初始控制限系数L，计算EWMA-LS控制图的$CUFAP(W)$，其中缩写LS代表用于联合检测位置参数和尺度参数的统计量，例如，Lepage或者Cucconi统计量，初始值设为$Z_0 = E(LS|\text{IC})$。

2) 若$CUFAP(W) > \xi$，将控制限系数L按步长0.01逐渐增加，并重新计算相应的$CUFAP(W)$；若$CUFAP(W) < \xi$，将控制限系数L按步长0.01逐渐减少，并重新计算相应的$CUFAP(W)$。这时要注意，当其他参数保持不变时，$CUFAP(W)$通常是关于控制限系数L的减函数，而ARL_0是关于L的增函数。如果要对受控的ARL_0进行附加限制，需要相应地选择ξ值。

3) 重复步骤2)，直到得到最小的控制限系数L，使$CUFAP(W) \leqslant \xi$，记为L_0。

4) 将Z_0与L_0确定的第一个检验样本处控制限值之间的距离记为d_{LS}。设置头始发参数$h_{LS} \in [0,1]$，其中，$h_{LS} = h$表示初始响应值设置为$Z_{0h} =$

$Z_0 + h \times d_{LS}$。

5) 一般来说，当Z_0增加到$Z_{0h}, h > 0$，$CUFAP(W)$会相应增加。因此，为了保持事先指定的$CUFAP(W)$值，需要将控制限系数L增加到L_h。对每个$Z_{0h}, h = 0.01(0.01)1.00$，计算$L_h$。值得注意的是，随着$L$增加到$L_h$，$ARL_0$值也不断增加。

6) 给定m，n，λ，W和漂移$\theta = \theta_s, \delta = \delta_s$，对于所有$h = 0.00(0.01)1.00$，计算$CUTSP_{h,\theta_s,\delta_s}(W)$。

7) 选择使$CUTSP_{h,\theta_s,\delta_s}(W)$达到最大的最优头始发参数$h_{LS} = h$。

当过程可控时，对于所有一元连续分布，所提出的非参数控制图的运行长度分布是一样的，对于给定的$CUFAP(W)$确定的控制限系数L_h也是相同的。因此，可以从标准正态分布随机生成参考样本的m个测量值和检验样本的n个测量值。当多个参数组合能够得到事先给定的$CUFAP(W)$值，通过$CUTSP(W)$来选择控制图的最优参数组合，即选择使$CUTSP(W)$达到最大的参数组合(h, L_h)作为控制图的最优参数。然而，失控状态下控制图的运行长度分布与过程分布及漂移大小有关，也就是说，$CUTSP(W)$因过程分布和漂移大小不同而变化。由于实际中过程分布未知，无法获得$CUTSP(W)$的精确值。因此，下一节提出一种核密度估计（kerinel density estimation，KDE）方法用来计算$CUTSP(W)$的估计值。

4.3.2 CUFAP和CUTSP的估计

KDE方法是一种非参数方法，用来估计随机变量的概率密度函数。从拟合的密度函数中生成样本容量为m的参考样本和样本大小为n的检验样本，并使用4.3.1小节得到的控制限系数L_h计算$CUFAP$和$CUTSP$的估计值。然后选择头始发参数h的最优估计值，记为$\hat{h}$，使$CUTSP(W)$的估计值达到最大。不可避免地，在估计h时可能出现偏差，因此h的估计值$\hat{h}$和理论值可能会稍有不同。然而，由于过程分布未知，h的理论值，或者称为真值，实际上是无法得到的。我们将h的理论值作为一个基准，优化模型的有效性取决于$\hat{h}$和h的接近程度。换言之，我们期望估计的最优参数值非常接近于理论上的最优参数。带FIR的EWMA控制图的最优参数估计的实施方案概述如下。

1) 收集容量为m的可控样本$\boldsymbol{P} = (P_1, P_2, \cdots, P_m)$。

2) 利用R软件包中的核密度估计方法，基于可控样本$\boldsymbol{P}$估计过程分布$F(x)$的密度函数。

3) 从拟合的密度函数中生成容量为m的参考样本和容量为n的检验样本。
4) 给定m,n,λ和W，对所有$h=0.00(0.01)1.00$，利用已得到的参数组合(Z_{0h},L_h)（具体见4.3.1小节）计算$CUFAP(W)$的估计值。
5) 给定m,n,λ,W和漂移$\theta=\theta_s,\delta=\delta_s$，对所有$h=0.00(0.01)1.00$，利用$(Z_{0h},L_h)$计算$CUTSP_{h,\theta_s,\delta_s}(W)$的估计值。
6) 选择最优初始响应参数$\hat{h}_{LS}=\hat{h}$使$CUTSP_{h,\theta_s,\delta_s}(W)$的估计值达到最大。

4.4 性能比较

4.3节构建了带FIR的非参数EWMA控制图的最优化模型，即满足给定的$CUFAP(W)$，使$CUTSP(W)$达到最大值。由于过程分布是未知的，所以提出一个非参数核密度估计方法用来估计$CUFAP$和$CUTSP$值。显然，控制图的实际性能受到$CUTSP$估计精度的影响。在本节中，将提出的最优化模型应用于带FIR的EL和EC控制图。为了全面研究，考虑三个典型的分布，包括短尾、重尾、对称和偏态分布。具体如下：①正态分布，简记为$N(\theta,\delta)$，参考样本取自$N(0,1)$，而检验样本来自$N(\theta,\delta)$；②对称重尾的柯西分布，简记为$\text{Cauchy}(\theta,\delta)$，参考样本取自$\text{Cauchy}(0,1)$，而检验样本来自$\text{Cauchy}(\theta,\delta)$，其概率密度函数为$f(x)=\dfrac{\delta}{\pi(\delta^2+(x-\theta)^2)}, x\in(-\infty,\infty)$；③代表偏态分布的双参数指数分布，简记为$SE(\theta,\delta)$，参考样本来自$SE(0,1)$，而检验样本来自$SE(\theta,\delta)$，其概率密度函数为$f(x)=\dfrac{1}{\delta}e^{-\frac{1}{\delta}(x-\theta)}$，$x\in[\theta,\infty)$，均值为$\theta+\delta$，方差等于$\delta^2$。为了研究所提出的控制图对位置参数和尺度参数漂移的检测能力，考虑上述三个分布的分半四分位差（quartile deviation，QD），例如标准正态分布的分半四分位差$QD=0.6745$。进一步，考虑11组数据：θ的漂移为0，$QD/4$和$QD/2$；δ的漂移为1，$1+QD/4$，$1+QD/2$和$1+QD$。为了公平比较，所有控制图的参数设为$m=100,n=5$以及$\lambda=0.1$。对于其他参数也有类似的结论。对两种情况，一种是"理想情况（真实情况）"，另一种是"实际情况（估计情况）"进行研究。由于过程分布是未知的，理想情况是不可见的，而实际情况就是上节提出的优化过程。选择$W=10$，$\xi=0.04$，即$CUFAP(10)=0.04$。在满足$CUFAP(10)=0.04$的约束条件下，分别得到理想情况和实际情况下的最优参数组合(h,L_h)和$(\hat{h},L_{\hat{h}})$，使得$CUTSP(10)$最大。注意到$CUTSP(10)$和漂移大小有关，然而确切的漂移量通常是未知的，因此，工程师更愿意选择参数组合$(\hat{h},L_{\hat{h}})$使控制图的整体性能较好。为此，进一步给出对不同漂移(θ,δ)的最优头始发参数$\hat{h}$的平均值，记为$\bar{\hat{h}}$。类似地，计算h的平均值，记为$\bar{h}$作为比较的基准。结果见表4.1至表4.3，包含了理想和实际两种情况。

表 4.1 具有FIR特征的EL和EC控制图的最优参数$h(L_h), \hat{h}(L_{\hat{h}})$,
基于$N(\theta,\delta)$分布($m=100$, $n=5$, $\lambda=0.1$, $CUFAP(10)=0.04$)

θ	δ	EL-fir	EL-fvacl	EC-fir	EC-fvacl
0	$1+QD/4$	0.14(2.65),0.13(2.65)	0.04(3.32),0.05(3.33)	0.16(2.85),0.15(2.85)	0.03(3.55),0.03(3.55)
0	$1+QD/2$	0.14(2.65),0.12(2.63)	0.05(3.33),0.05(3.33)	0.16(2.85),0.16(2.85)	0.03(3.55),0.03(3.55)
0	$1+QD$	0.18(2.69),0.18(2.69)	0.04(3.32),0.04(3.32)	0.16(2.85),0.16(2.85)	0.04(3.57),0.03(3.55)
$QD/4$	1	0.14(2.65),0.14(2.65)	0.04(3.32),0.07(3.36)	0.24(2.96),0.20(2.91)	0.03(3.55),0.04(3.57)
$QD/4$	$1+QD/4$	0.16(2.67),0.12(2.63)	0.05(3.33),0.04(3.32)	0.16(2.85),0.16(2.85)	0.03(3.55),0.03(3.55)
$QD/4$	$1+QD/2$	0.18(2.69),0.20(2.72)	0.05(3.33),0.05(3.33)	0.16(2.85),0.20(2.91)	0.03(3.55),0.03(3.55)
$QD/4$	$1+QD$	0.18(2.69),0.18(2.69)	0.05(3.33),0.04(3.32)	0.16(2.85),0.16(2.85)	0.03(3.55),0.03(3.55)
$QD/2$	1	0.16(2.67),0.14(2.69)	0.04(3.32),0.04(3.32)	0.21(2.92),0.18(2.89)	0.03(3.55),0.06(3.59)
$QD/2$	$1+QD/4$	0.14(2.65),0.18(2.69)	0.05(3.33),0.03(3.32)	0.24(2.96),0.24(2.96)	0.03(3.55),0.03(3.55)
$QD/2$	$1+QD/2$	0.18(2.69),0.18(2.69)	0.04(3.32),0.04(3.32)	0.16(2.85),0.16(2.85)	0.03(3.55),0.03(3.55)
$QD/2$	$1+QD$	0.18(2.69),0.18(2.69)	0.04(3.32),0.05(3.33)	0.16(2.85),0.16(2.85)	0.03(3.55),0.01(3.54)
$\bar{h}(L_{\bar{h}}),\hat{\bar{h}}(L_{\hat{\bar{h}}})$		0.16(2.67),0.16(2.67)	0.05(3.33),0.05(3.33)	0.18(2.89),0.18(2.89)	0.03(3.55),0.03(3.55)

表 4.2 具有FIR特征的EL和EC控制图的最优参数$h(L_h), \hat{h}(L_{\hat{h}})$,
基于Cauchy(θ,δ)分布($m=100$, $n=5$, $\lambda=0.1$, $CUFAP(10)=0.04$)

θ	δ	EL-fir	EL-fvacl	EC-fir	EC-fvacl
0	$1+QD/4$	0.16(2.67),0.16(2.67)	0.04(3.32),0.05(3.33)	0.29(3.05),0.24(2.96)	0.03(3.55),0.03(3.55)
0	$1+QD/2$	0.18(2.69),0.18(2.69)	0.04(3.32),0.04(3.32)	0.16(2.85),0.16(2.85)	0.03(3.55),0.03(3.55)
0	$1+QD$	0.18(2.69),0.18(2.69)	0.04(3.32),0.04(3.32)	0.16(2.85),0.16(2.85)	0.03(3.55),0.03(3.55)
$QD/4$	1	0.12(2.63),0.10(2.62)	0.05(3.33),0.04(3.32)	0.16(2.85),0.13(2.83)	0.03(3.55),0.05(3.59)
$QD/4$	$1+QD/4$	0.14(2.65),0.16(2.67)	0.04(3.32),0.04(3.32)	0.24(2.96),0.21(2.92)	0.03(3.55),0.02(3.55)
$QD/4$	$1+QD/2$	0.16(2.67),0.18(2.69)	0.04(3.32),0.05(3.33)	0.16(2.85),0.16(2.85)	0.03(3.55),0.02(3.55)
$QD/4$	$1+QD$	0.21(2.73),0.18(2.69)	0.04(3.32),0.04(3.32)	0.16(2.85),0.21(2.92)	0.03(3.55),0.03(3.55)
$QD/2$	1	0.14(2.65),0.16(2.67)	0.04(3.32),0.04(3.32)	0.24(2.96),0.24(2.96)	0.03(3.55),0.03(3.55)
$QD/2$	$1+QD/4$	0.16(2.67),0.16(2.67)	0.04(3.32),0.04(3.32)	0.16(2.85),0.16(2.85)	0.03(3.55),0.03(3.55)
$QD/2$	$1+QD/2$	0.18(2.69),0.18(2.69)	0.04(3.32),0.04(3.32)	0.24(2.96),0.21(2.92)	0.04(3.57),0.03(3.55)
$QD/2$	$1+QD$	0.28(2.83),0.25(2.79)	0.04(3.32),0.05(3.33)	0.24(2.96),0.21(2.92)	0.03(3.55),0.03(3.55)
$\bar{h}(L_{\bar{h}}),\hat{\bar{h}}(L_{\hat{\bar{h}}})$		0.17(2.69),0.17(2.69)	0.04(3.32),0.04(3.32)	0.19(2.90),0.19(2.90)	0.03(3.55),0.03(3.55)

由表4.1至表4.3可得以下结论。

1) 对于所考虑的3个分布和11组漂移，优化模型表现都很好，h和$\hat{h}$很接近。此外，表4.1至表4.3中的最后一行是每个控制图的平均最优参数组合$\bar{h}(L_{\bar{h}})$和$\hat{\bar{h}}(L_{\hat{\bar{h}}})$，可见它们也非常接近。

2) 过程分布对所提出控制图的性能影响很小。为了全面研究，考虑其他的一些常见分布，如均匀分布、Gumbel分布和对数正态分布。研究结果表明，无论过程分布和过程参数变化大小，EL-fvacl和EC-fvacl控制图的h或$\hat{h}$分别保持

表 4.3 具有FIR特征的EL和EC控制图的最优参数 $h(L_h), \hat{h}(L_{\hat{h}})$,
基于$\text{SE}(\theta,\delta)$分布($m=100$, $n=5$, $\lambda=0.1$, $CUFAP(10)=0.04$)

θ	δ	EL-fir	EL-fvacl	EC-fir	EC-fvacl
0	$1+QD/4$	0.18(2.69),0.13(2.65)	0.04(3.32),0.05(3.33)	0.16(2.85),0.18(2.89)	0.03(3.55),0.03(3.55)
0	$1+QD/2$	0.16(2.67),0.18(2.69)	0.04(3.32),0.04(3.32)	0.16(2.85),0.18(2.89)	0.03(3.55),0.03(3.55)
0	$1+QD$	0.12(2.63),0.16(2.67)	0.04(3.32),0.05(3.33)	0.16(2.85),0.16(2.85)	0.01(3.54),0.03(3.55)
$QD/4$	1	0.29(2.85),0.28(2.83)	0.06(3.35),0.08(3.37)	0.41(3.30),0.41(3.30)	0.06(3.59),0.06(3.59)
$QD/4$	$1+QD/4$	0.16(2.67),0.18(2.69)	0.04(3.32),0.04(3.32)	0.24(2.96),0.24(2.96)	0.02(3.55),0.03(3.55)
$QD/4$	$1+QD/2$	0.12(2.63),0.14(2.65)	0.04(3.32),0.04(3.32)	0.24(2.96),0.24(2.96)	0.03(3.55),0.03(3.55)
$QD/4$	$1+QD$	0.21(2.73),0.18(2.67)	0.04(3.32),0.05(3.33)	0.16(2.85),0.21(2.92)	0.03(3.55),0.03(3.55)
$QD/2$	1	0.30(2.86),0.30(2.86)	0.04(3.32),0.05(3.33)	0.24(2.96),0.24(2.96)	0.08(3.61),0.04(3.57)
$QD/2$	$1+QD/4$	0.18(2.69),0.14(2.65)	0.05(3.33),0.04(3.32)	0.29(3.05),0.24(2.96)	0.03(3.55),0.02(3.55)
$QD/2$	$1+QD/2$	0.30(2.86),0.28(2.83)	0.05(3.33),0.04(3.32)	0.24(2.96),0.24(2.96)	0.03(3.55),0.03(3.55)
$QD/2$	$1+QD$	0.22(2.75),0.21(2.73)	0.05(3.33),0.05(3.33)	0.16(2.85),0.16(2.85)	0.03(3.55),0.02(3.55)
$\bar{h}(L_{\bar{h}}),\bar{\hat{h}}(L_{\bar{\hat{h}}})$		0.20(2.72),0.20(2.72)	0.05(3.33),0.05(3.33)	0.22(2.95),0.23(2.96)	0.03(3.55),0.03(3.55)

在0.05和0.03左右。对于EL-fir和EC-fir控制图，$\bar{h}$或$\bar{\hat{h}}$的最优值取决于过程分布的形状。具体来说，对于对称分布，El-fir和EC-fir控制图的h或$\hat{h}$的平均值分别约为0.17和0.19。当过程分布是右偏的，EL-fir和EC-fir控制图的$\bar{h}$或$\bar{\hat{h}}$分别约为0.20和0.22，略大于对称分布的情况。

3) FVACL类型控制图和FIR类型控制图的h或$\hat{h}$存在明显差异。FIR类型控制图的h或$\hat{h}$比FVACL类型控制图大得多。例如，当过程分布为正态分布并且$\theta=QD/4$，$\delta=1+QD/2$时，EL-fir控制图的$\hat{h}$为0.20，而EL-fvacl控制图的$\hat{h}$为0.05。这种差异是由于与FIR类型控制图相比，FVACL类型控制图的小步长误报率更大。为了保证预先给定的$CUFAP(10)=0.04$，FVACL类型控制图的控制限系数L_h随着头始发参数h的增加而显著增加。FIR特征的高灵敏度的优点被增加的控制限所抵消。

对上述控制图在最优参数下的$CUTSP(10)$进行比较，也考虑两种情况：理想情况和实际情况。结果如表4.4和表4.5所示。表4.4和4.5中深灰色的阴影代表在每个分

74

布下，对特定漂移的最优控制图，即该控制图的$CUTSP(10)$最大。由表4.4和表4.5可见，在大多数情况下估计的最优$CUTSP(10)$值接近理论上的最优$CUTSP(10)$。对于正态分布，当尺度参数发生变化时，EC-fir控制图性能最优；当位置参数发生漂移但尺度参数不变时，EL-fir 控制图的性能优于其他控制图。对于柯西分布，结论与正态分布相同。对于双参数指数分布，当尺度参数发生漂移但位置参数保持不变时，EC-fir控制图的性能最好；当位置参数发生变化而尺度参数不变时，EL-fir控制图始终优于其他控制图。

表 4.4 具有FIR特征的EL和EC控制图在理想情况下的最优$CUTSP(10)$值

($m=100$, $n=5$, $\lambda=0.1$, $CUFAP(10)=0.04$)

漂移		$N(\theta,\delta)$				$\text{Cauchy}(\theta,\delta)$				$\text{SE}(\theta,\delta)$			
θ	δ	EL-fir	EL-fvacl	EC-fir	EC-fvacl	EL-fir	EL-fvacl	EC-fir	EC-fvacl	EL-fir	EL-fvacl	EC-fir	EC-fvacl
0	$1+QD/4$	0.1296	0.1178	0.1622	0.1463	0.0966	0.0886	0.1067	0.0987	0.0677	0.0646	0.0724	0.0689
0	$1+QD/2$	0.2971	0.2631	0.3850	0.3453	0.1927	0.1709	0.2168	0.1934	0.1285	0.1173	0.1391	0.1284
0	$1+QD$	0.6907	0.6366	0.8136	0.7707	0.4632	0.4056	0.5069	0.4556	0.3462	0.3113	0.3734	0.3378
$QD/4$	1	0.0657	0.0624	0.0649	0.0616	0.0529	0.0502	0.0516	0.0494	0.0389	0.0361	0.0259	0.0253
$QD/4$	$1+QD/4$	0.1667	0.1507	0.2001	0.1811	0.1146	0.1037	0.1236	0.1117	0.0899	0.0801	0.0750	0.0686
$QD/4$	$1+QD/2$	0.3360	0.2988	0.4224	0.3825	0.2140	0.1888	0.2365	0.2100	0.1801	0.1596	0.1636	0.1457
$QD/4$	$1+QD$	0.7107	0.6574	0.8272	0.7862	0.4800	0.4241	0.5234	0.4709	0.4467	0.4021	0.4390	0.3948
$QD/2$	1	0.1640	0.1453	0.1586	0.1427	0.1021	0.0895	0.0942	0.0834	0.1439	0.1037	0.0854	0.0638
$QD/2$	$1+QD/4$	0.2853	0.2557	0.3201	0.2891	0.1777	0.1565	0.1792	0.1581	0.2389	0.1857	0.1862	0.1477
$QD/2$	$1+QD/2$	0.4498	0.4055	0.5282	0.4843	0.2844	0.2475	0.2976	0.2609	0.3711	0.3057	0.3271	0.2715
$QD/2$	$1+QD$	0.7655	0.7162	0.8618	0.8268	0.5347	0.4750	0.5682	0.5129	0.6551	0.5869	0.6334	0.5676

表 4.5 具有FIR特征的EL和EC控制图在实际情况下的最优$CUTSP(10)$估计值

$(m=100,\ n=5,\ \lambda=0.1,\ CUFAP(10)=0.04)$

漂移		$N(\theta,\delta)$					$\text{Cauchy}(\theta,\delta)$					$\text{SE}(\theta,\delta)$			
θ	δ	EL-fir	EL-fvacl	EC-fir	EC-fvacl		EL-fir	EL-fvacl	EC-fir	EC-fvacl		EL-fir	EL-fvacl	EC-fir	EC-fvacl
0	$1+QD/4$	0.1296	0.1233	0.1771	0.1667		0.1054	0.0927	0.1208	0.1069		0.0780	0.0640	0.0865	0.0836
0	$1+QD/2$	0.2941	0.2528	0.4137	0.2901		0.2044	0.1757	0.2439	0.2084		0.1645	0.1102	0.1726	0.1556
0	$1+QD$	0.6786	0.6162	0.8235	0.6866		0.5123	0.3954	0.5321	0.4642		0.4067	0.3064	0.4243	0.3569
$QD/4$	1	0.0654	0.0587	0.0540	0.0606		0.0503	0.0441	0.0692	0.0433		0.0402	0.0367	0.0333	0.0329
$QD/4$	$1+QD/4$	0.1672	0.1448	0.1937	0.1637		0.1254	0.0988	0.1546	0.1172		0.1048	0.0791	0.0873	0.0852
$QD/4$	$1+QD/2$	0.3356	0.2714	0.4291	0.3533		0.2392	0.1757	0.2785	0.2078		0.2082	0.1506	0.1936	0.1610
$QD/4$	$1+QD$	0.7012	0.6473	0.8379	0.6978		0.5362	0.3999	0.6022	0.4721		0.5049	0.3971	0.4807	0.4191
$QD/2$	1	0.1560	0.1293	0.1369	0.1304		0.1062	0.0774	0.1055	0.0835		0.1261	0.0988	0.0723	0.0641
$QD/2$	$1+QD/4$	0.2833	0.2239	0.2928	0.2695		0.2057	0.1359	0.2356	0.1397		0.2429	0.1733	0.1730	0.1429
$QD/2$	$1+QD/2$	0.4391	0.3882	0.5038	0.4558		0.3200	0.2044	0.3221	0.2587		0.3947	0.2917	0.3208	0.2544
$QD/2$	$1+QD$	0.7527	0.6887	0.8530	0.7814		0.5809	0.4114	0.6044	0.4727		0.7167	0.5788	0.6473	0.5251

4.5 实例应用

本节给出两个实例说明所提出的控制图的实际应用。第一个例子是监控通过注塑工艺制造的零部件的抗压强度，第二个例子是监控工厂生产的软木塞的长度。

4.5.1 注塑工艺制造零部件抗压强度的监测

实例1是使用控制图对注塑工艺制造零部件的抗压强度进行监控。Montgomery（2009）的表6E.11给出了20个样本，每个样本由5个零部件的抗压强度数据组成。应用R软件包"dfphase1"中提供的阶段I非参数方法对这20组数据进行可控分析，参见Capizzi和Masarotto（2018）。结果表明，没有样本点超出控制限，即过程可控。因此，可以将这100个测量值作为参考样本，参考样本容量$m = 100$。Montgomery（2009）的表6E.12列出了另外15组样本，每组样本包含5个零部件的耐压强度数据，将这15组样本作为检验样本，即检验样本容量$n = 5$。下面基于这个数据集来说明带FIR特征的EL和EC控制图的有效性。注意到控制图最优参数的选择取决于过程分布的形状。因此，在应用控制图监控之前，先基于参考样本数据检验过程分布是对称的还是右偏的。为此，采用Mukherjee等（2014）提出的一个简单的方法用于检验未知一元连续分布的对称性。结果表明，在5%的显著性水平，过程分布是对称的。在实践中，可能出现的漂移大小通常是未知的，实际操作者更倾向于使用具有总体良好性能的参数组合$(\bar{\bar{h}}, L_{\bar{\bar{h}}})$。当$m = 100$，$n = 5$，$\lambda = 0.1$过程是对称分布时，通过模拟得到每个控制图的最优参数组合$(\bar{\bar{h}}, L_{\bar{\bar{h}}})$，并保证$CUFAP(10) = 0.04$。表4.6列出EL-fir、EL-fvacl、EC-fir和EC-fvacl控制图的$(\bar{\bar{h}}, L_{\bar{\bar{h}}})$值，并给出每个控制图的15个检验统计量值，其中深灰色的阴影表示对应的检测统计量超出了控制限，控制图发生报警。进一步，图4.1绘制了每个控制图的检测统计量值及相应的控制限。从表4.6和图4.1可以看出，所提出4个控制图的结果非常相似，表明这4种方法同样有效。对于所有控制图，第一个报警信号均出现于第6个检验样本，失控信号从检验样本6一直持续到检验样本15。

4.5.2 软木塞长度指标的监测

实例2利用软木塞的长度指标数据来说明控制图的实际应用。工厂生产的软木塞有两个重要的质量指标：长度和直径。Figueiredo和Gomes（2013）以及Li等（2016）

表 4.6 对注塑工艺制造零部件的抗压强度数据检测的
具有FIR特征的EL和EC控制图的检验统计量

序号	EL-fir $(\bar{\bar{h}}, L_{\bar{\bar{h}}})=(0.17,2.69)$	EL-fvacl $(\bar{\bar{h}}, L_{\bar{\bar{h}}})=(0.05,3.33)$	EC-fir $(\bar{\bar{h}}, L_{\bar{\bar{h}}})=(0.19,2.90)$	EC-fvacl $(\bar{\bar{h}}, L_{\bar{\bar{h}}})=(0.03,3.55)$
1	2.000	2.000	1.018	1.000
2	2.096	2.096	1.129	1.113
3	2.000	2.000	1.077	1.063
4	2.885	2.885	1.557	1.544
5	2.897	2.897	1.654	1.642
6	3.527	3.527	2.073	2.062
7	3.858	3.858	2.317	2.308
8	4.002	4.002	2.380	2.371
9	4.077	4.077	2.374	2.366
10	3.752	3.752	2.181	2.175
11	4.293	4.293	2.543	2.537
12	3.963	3.963	2.357	2.352
13	3.622	3.622	2.162	2.157
14	3.795	3.795	2.215	2.210
15	4.115	4.115	2.349	2.345

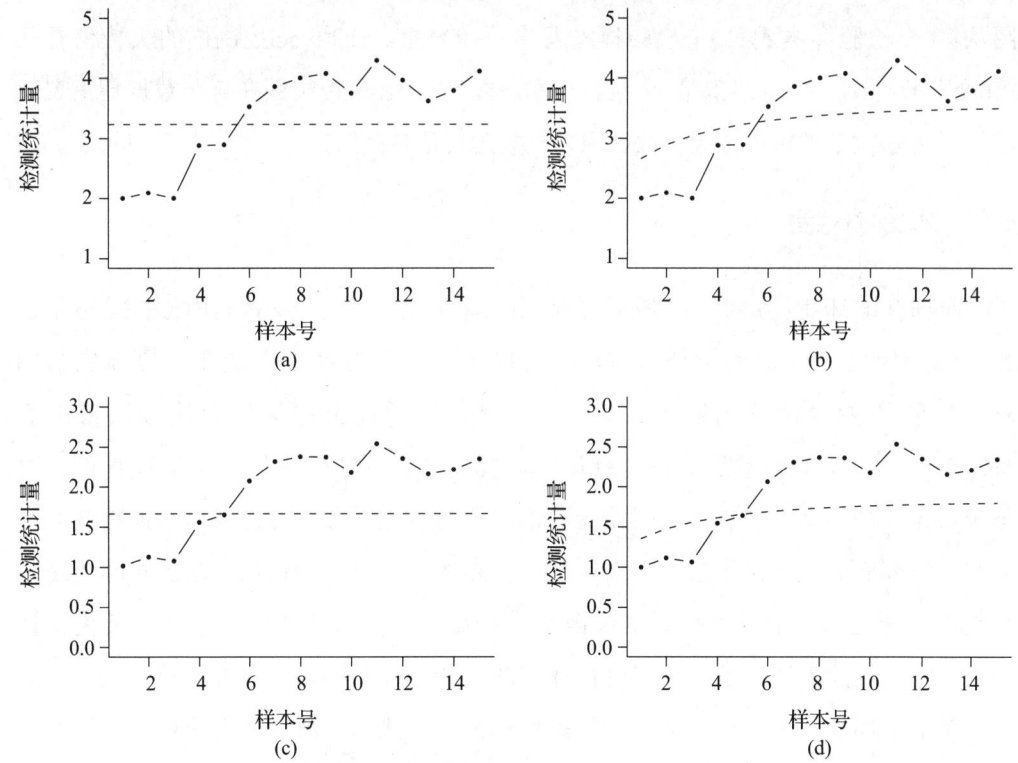

图 4.1 阶段II注塑工艺制造零部件的抗压强度数据检测的具有FIR特征的EL和EC控制图的检验统计量 (a)EL-fir；(b)EL-fvacl；(c)EC-fir；(d)EC-fvacl

监控软木塞的直径数据。本节首先对100个软木塞的长度数据如表4.7所示，进行阶段 I 分析。与4.5.1节一样，使用R软件包"dfphase1"中提供的阶段 I 非参数方法对这100个数据进行可控分析，结果显示没有失控的样本点，因此可以将这100个测量值作为参考样本。进一步，对这100个可控数据进行对称性检验。检验结果在5%的显著性水平下拒绝原假设，表明过程分布是右偏的。注意到Figueiredo和Gomes（2013）同样发现这些数据是右偏的。阶段 II 数据(见表4.7)由10组容量为$n = 5$的子组组成。由于在实践中可能发生的漂移量往往是未知的，因此操作者更愿意选择参数组合$(\hat{h}, L_{\hat{h}})$，不管漂移大小，控制图的整体性能都很好。因此，考虑基于FIR特征的EL和EC控制图的平均最优参数组合$(\bar{\hat{h}}, L_{\bar{\hat{h}}})$。基于$m = 100$，$n = 5$，$\lambda = 0.1$且过程分布是右偏的，表4.8给出每个控制图的平均最优参数组合$(\bar{\hat{h}}, L_{\bar{\hat{h}}})$，并列出10个检验统计量值，其中深灰色的阴影表示对应的检验统计量值超过控制限，控制图发出失控信号。图4.2进一步绘制了所有控制图的检验统计量值和相应的控制限。从表4.8和图4.2可见，所有控制图都是在第6个检验样本点处发生第一次失控报警。对于EL-fir控制图，失控信号从检验样本6到检验样本10持续存在，而EL-fvacl和EC-fir控制图从第6个检验样本到第9个检验样本发出失控警报，EC-fvacl控制图的失控信号从第6个检验样本一直持续到第8个检验样本。显然，EL-fir控制图在这个数据集上表现最好。这与4.4节的模拟结果一致，因为该数据集是右偏的。

4.6 本章小结

面向生产和服务初始阶段质量监测，本章提出了一个具有FIR特征的非参数EWMA控制图的优化设计方法，在限制小步长误报率的前提下，提高控制图对初始阶段参数漂移的监测效率。进一步，将所提出的优化设计方法应用于带FIR的EL和EC非参数控制图进行深入研究。注意到非参数控制图在过程可控时与分布无关的性质在过程失控时是无效的，即当过程参数发生漂移时，控制图的性能与过程分布有关。由于过程分布往往是未知的，理论上的最优控制图实际上是得不到的。为此，提出了一种基于数据的非参数核密度估计方法用来估计最优设计参数。模拟结果表明，基于核密度估计方法设计的控制图具有良好的整体性能。此外，对于不同的一元连续分布，结果是稳健的。因此，本章所提出的优化设计方法对于提高非参数控制图在过程初始阶段的检测效率十分有效。但值得注意的是，基于FIR的EWMA控制图比传统EWMA控制图需要更宽的控制限。因此，当过程漂移发生在监控的后期而不是早期阶段时，带FIR的EWMA控制图检测过程漂移比传统

表 4.7 软木塞的长度数据

序号	阶段I样本					序号	阶段II样本				
1	44.55	44.78	44.88	44.78	44.73	1	45.25	45.12	44.65	45.02	45.08
2	44.68	44.96	45.20	44.72	45.21	2	44.80	44.86	45.03	44.86	44.84
3	44.82	44.88	45.65	44.48	44.76	3	44.68	45.10	45.02	44.79	44.79
4	45.15	44.79	45.11	44.51	44.92	4	45.00	45.00	44.95	45.01	45.12
5	44.73	44.69	44.93	44.98	45.47	5	44.77	45.06	45.27	45.23	44.94
6	44.78	44.48	44.89	44.77	45.03	6	45.21	45.16	45.07	45.21	45.17
7	44.78	44.96	44.77	45.19	45.12	7	45.18	45.14	45.01	44.96	44.93
8	45.09	44.83	44.98	45.05	44.75	8	45.00	44.93	45.06	45.06	44.86
9	44.91	44.76	44.83	44.77	45.08	9	44.86	44.70	45.21	44.59	44.96
10	44.90	45.34	44.84	44.94	44.90	10	44.82	44.95	44.79	45.05	44.76
11	44.86	44.79	45.07	44.90	44.99						
12	44.98	44.61	44.75	44.82	44.86						
13	45.18	44.64	45.10	45.02	44.87						
14	45.02	44.84	44.93	44.66	44.78						
15	44.75	44.83	44.89	44.72	44.82						
16	44.85	44.73	44.73	44.8	44.90						
17	44.78	44.82	44.99	45.15	45.32						
18	44.68	45.07	44.79	44.86	45.04						
19	44.52	45.02	44.85	44.79	45.19						
20	44.9	44.89	44.91	45.24	44.86						

表 4.8 对软木塞的长度数据检测的控制图的检验统计量

序号	$(\bar{\bar{h}}, L_{\bar{\bar{h}}})=(0.20,2.72)$	$(\bar{\bar{h}}, L_{\bar{\bar{h}}})=(0.05,3.33)$	$(\bar{\bar{h}}, L_{\bar{\bar{h}}})=(0.22,2.95)$	$(\bar{\bar{h}}, L_{\bar{\bar{h}}})=(0.03,3.55)$
1	2.610	2.416	1.306	1.182
2	2.852	2.677	1.349	1.237
3	2.573	2.415	1.214	1.113
4	2.710	2.568	1.300	1.209
5	2.868	2.740	1.370	1.288
6	4.002	3.888	1.939	1.866
7	4.061	3.958	1.970	1.904
8	3.958	3.865	1.937	1.877
9	3.625	3.541	1.801	1.747
10	3.312	3.237	1.676	1.627

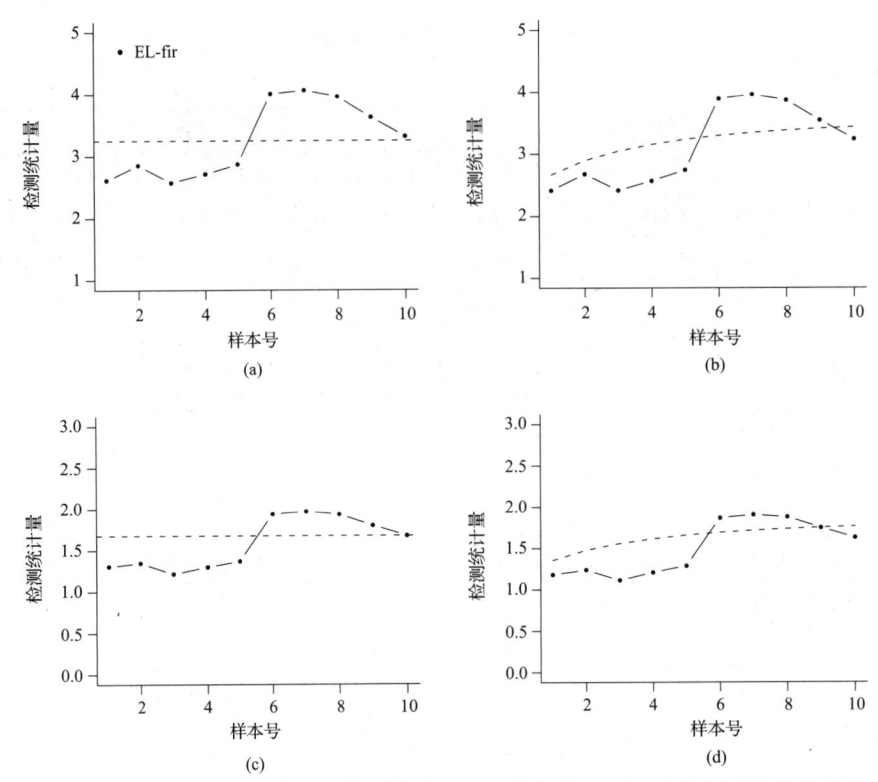

图 4.2　阶段 II 软木塞长度数据检测的具有FIR特征的EL和EC控制图的检验统计量
(a)EL-fir；(b)EL-fvacl；(c)EC-fir；(d)EC-fvacl

的EWMA控制图稍晚，建议不要在阶段 II 监控的后期使用FIR方法。此外，本章所采用的具有动态FIR特征的EWMA 控制图的构建方法易于推广，这种优化设计方法可以很容易地实现并推广到其他具有FIR特征的控制图上。

第5章 联合检测位置参数和尺度参数控制图的优化设计——一种减少信息损失的自适应非参数方法

5.1 引言

随着通信技术的发展和各种自动化高灵敏度传感器设备的普遍应用，企业建立各级服务质量管理系统，能够快速生成海量的服务过程数据，蕴含着反映产品和服务质量的丰富信息，非参数方法的一个缺点是牺牲了样本中很多信息，这种信息的损失经常导致相应功效的损失。正如Qiu（2018）指出，信息丢失是非参数控制图在无须假定过程分布的情况下也能保持性能稳健所付出的代价。未来的一个重要研究课题是在保持非参数控制图优良性能的同时尽量减少信息损失，从而提高非参数控制图的检测效率。也就是说，虽然非参数方法是建立在模型很广的基础之上，适用于对过程分布无确切了解的情况，然而这并不意味着当使用非参数方法时，可以不用搜集关于过程分布尽可能多的信息。相反，这部分工作做得越好，对过程分布了解得越详细，就越有可能选择出适合当前过程分布的方法。了解过程分布，除了依据问题的背景、有关的专业知识和以往的经验外，样本数据也能够提供一些非常有用的信息，比如，可以通过样本数据估计过程分布的尾部权重、偏度等。对于正态总体，正态理论基础上的许多检验都是一致最优势检验（uniformly most powerful test，UMPT），但是很多情况下，UMPT不一定存在。此时，可以采用局部最优势检验（locally most powerful test，LMPT）。例如，最常用的非参数Wilcoxon秩和检验法就是对于logistic分布的LMPT。但是，由于过程分布是未知的，一个更好的方法是给出不同的检验，它们分别针对不同类型的分布具有较高的势，使用受控样本数据得到关于过程分布信息，比如尾部权重、偏度等，从而选择合适的非参数检验，称这个过程为"自适应"。

Hogg（1974）提出了自适应检验的概念，以减少非参数检验中的信息损失。在自适应方法中，首先我们利用现有的数据来估计过程分布的尾部权重和偏度；然后，为不同的分布类型选择适合的非参数检验。显然，自适应方法没有完全忽略原始数据中有关分布尾部权重或偏度的信息。因此,自适应方法在一定程度上提高了非参数方法的效率。本章首先介绍了三个基于改进的Lepage统计量的用于联合检测过程位置参数和尺度参数的非参数控制图,在此基础上提出了两种Shewhart-Lepage型自适应非参数控制图。一种是基于Kössler（2006）提出的自适应检验,另一种是基于有限样本修正的新的自适应检验。本章中所考虑的自适应非参数控制图并不是对任何特定的过程分布具有最优性能,而是在一类广泛的过程分布下性能表现均良好。

本章其余内容的组织如下：5.2节介绍一类Lepage非参数统计量和两个自适应Lepage型非参数统计量,并讨论了新提出的一系列Shewhart-Lepage型控制图的设计方案；5.3节对所提出的一系列非参数控制图进行了详细的性能分析；5.4节将提出的控制图应用到实际产品质量监测；5.5节给出一些总结性的评论。

5.2 自适应Lepage控制图

假设$\boldsymbol{X}_m = (X_1, X_2, \cdots, X_m)$来自阶段I独立同分布的历史参考样本,其累计分布函数为$F(x)$。$\boldsymbol{Y}_j = (Y_{j1}, Y_{j2}, \cdots, Y_{jn}), j = 1, 2, \cdots$是来自阶段II的样本容量为$n$的第$j$组检验样本,并假设与参考样本独立,其累计分布函数为$G(x)$。当过程受控时,$F = G$；当过程的位置参数或者尺度参数发生漂移,$G(x) = F(\frac{x-\theta}{\delta}), \theta \in \Re, \delta > 0$,其中$\theta$和$\delta$分别代表未知的位置参数和尺度参数漂移大小。当过程受控时,$\theta = 0$和$\delta = 1$；当$\theta \neq 0, \delta = 1$表示只发生了位置参数漂移；当$\theta = 0, \delta \neq 1$表示只发生了尺度参数漂移；当$\theta \neq 0, \delta \neq 1$表示位置参数和尺度参数同时发生漂移。

对于分布函数G_1,位置参数的渐近局部最优势检验的计分函数为如下形式：

$$\varphi_1(u, g_1) = \frac{-g_1'\left(G_1^{-1}(u)\right)}{g_1\left(G_1^{-1}(u)\right)}, \qquad 0 < u < 1.$$

式中：g_1是分布G_1的概率密度函数。

类似地,对于分布函数G_2,尺度参数的渐近局部最优势检验的计分函数为如下形式：

$$\varphi_2(u, g_2) = -1 - G_2^{-1}(u)\frac{g_2'\left(G_2^{-1}(u)\right)}{g_2\left(G_2^{-1}(u)\right)}, \qquad 0 < u < 1.$$

式中：g_2是分布G_2的概率密度函数。

检验统计量的构造基于以下三个假设。

1) 计分$a(k)$和$b(k)$设为

$$a(k) = \varphi_1\left(\frac{k}{m+n+1}\right) \text{和} b(k) = \varphi_2\left(\frac{k}{m+n+1}\right).$$

2) Fisher信息$I_L(g_1)$和$I_S(g_2)$是有限的，即
$$I_L(g_1) = \int_0^1 \varphi_1^2(u, g_1)du < \infty \text{和} I_S(g_2) = \int_0^1 \varphi_2^2(u, g_2)du < \infty.$$

3) 两个计分生成函数$\varphi_1(u, g_1)$和$\varphi_2(u, g_2)$在平方可积函数的Hilbert空间中是正交的。

在下一节中，我们将提出一类Lepage统计量，由两个线性无关统计量的平方和构成，其中一个统计量基于计分函数$a(k)$，用于检测位置参数，另一个统计量基于计分函数$b(k)$，用于检测尺度参数。

5.2.1 Lepage控制图

定义如下统计量：
$$T_1 = \sum_{i=1}^n a(R_i), T_2 = \sum_{i=1}^n b(R_i).$$

式中，$R_i(i = 1, \cdots, n)$为检验样本Y_{ji}在混合样本中的秩；T_1和T_2为线性秩统计量，T_1用来检验位置参数漂移，T_2用来检验尺度参数漂移。

当过程受控时，T_1和T_2的均值和方差分别为
$$E(T_1|\text{IC}) = \frac{n}{N} \sum_{k=1}^N a(k), \quad E(T_2|\text{IC}) = \frac{n}{N} \sum_{k=1}^N b(k),$$

$$\text{Var}(T_1|\text{IC}) = \frac{mn}{N(N-1)} \sum_{k=1}^N (a(k) - \bar{a})^2, \quad \text{Var}(T_2|\text{IC}) = \frac{mn}{N(N-1)} \sum_{k=1}^N (b(k) - \bar{b})^2.$$

式中：$\bar{a} = \frac{1}{N} \sum_{k=1}^N a(k)$，$\bar{b} = \frac{1}{N} \sum_{k=1}^N b(k)$.

统计量T_1和T_2是线性无关的。Lepage统计量是 $\left(\frac{T_1 - E(T_1|\text{IC})}{\sqrt{\text{Var}(T_1|\text{IC})}}, \frac{T_2 - E(T_2|\text{IC})}{\sqrt{\text{Var}(T_2|\text{IC})}} \right)$ 与$(0, 0)$欧氏距离的平方，定义为
$$T = \left(\frac{T_1 - E(T_1|\text{IC})}{\sqrt{\text{Var}(T_1|\text{IC})}} \right)^2 + \left(\frac{T_2 - E(T_2|\text{IC})}{\sqrt{\text{Var}(T_2|\text{IC})}} \right)^2.$$

当过程受控时，T渐近服从自由度为2的χ^2分布。由于T_1和T_2是线性无关的，统计量T也可以表示为$\left(\frac{T_1 - E(T_1|\text{IC})}{\sqrt{Var(T_1|\text{IC})}}, \frac{T_2 - E(T_2|\text{IC})}{\sqrt{Var(T_2|\text{IC})}} \right)$与原点马氏距离的平方。

5.2.1.1 Lepage统计量

当T_1是WRS统计量、T_2是AB统计量时，我们得到了Lepage检验统计量，简记为LPWAB。对于双样本位置尺度检验问题，Lepage检验由于在对称和中尾分布中表

现良好，受到了越来越多的关注。我们进一步考虑对Lepage统计量做一些修改，以寻找在不同分布时T_1和T_2统计量的最佳选择。为了简单起见，下面只给出计分函数，并讨论它们何时是最优的。更详细的理论推导可参见Hájek等（1999）以及Kössler（2006）。

5.2.1.2 LPGA统计量（短尾）

当过程分布是对称短尾分布，考虑使用基于Gastwirth计分函数的Lepage统计量，简记为LPGA。Gastwirth（1965）首先提出了这种计分函数。针对有限样本，对LPGA统计量进行了细微的修改。当N为奇数时，LPGA计分函数定义为

$$a_{\text{LPGA}}(k) = \frac{1}{N+1} \begin{cases} k - [\frac{N}{4}] - 1 & \text{当 } k \leqslant [\frac{N}{4}] \\ k - \left(N - [\frac{N}{4}]\right) & \text{当 } k \geqslant N - [\frac{N}{4}] + 1 \\ 0 & \text{其他,} \end{cases}$$

$$b_{\text{LPGA}}(k) = \frac{1}{N+1} \begin{cases} [\frac{N}{4}] + 1 - k & \text{当 } k \leqslant [\frac{N}{4}] \\ k - \left(N - [\frac{N}{4}]\right) & \text{当 } k \geqslant N - [\frac{N}{4}] + 1 \\ 0 & \text{其他.} \end{cases}$$

当N是偶数时，LPGA统计量的计分函数定义为

$$a_{\text{LPGA}}(k) = \frac{1}{N+1} \begin{cases} k - [\frac{N}{4}] - \frac{1}{2} & \text{当 } k \leqslant [\frac{N}{4}] \\ k - \left(N - [\frac{N}{4}]\right) - \frac{1}{2} & \text{当 } k \geqslant N - [\frac{N}{4}] + 1 \\ 0 & \text{其他,} \end{cases}$$

$$b_{\text{LPGA}}(k) = \frac{1}{N+1} \begin{cases} [\frac{N}{4}] + \frac{1}{2} - k & \text{当 } k \leqslant [\frac{N+1}{4}] \\ k - \left(N - [\frac{N}{4}]\right) - \frac{1}{2} & \text{当 } k \geqslant N - [\frac{N}{4}] + 1 \\ 0 & \text{其他,} \end{cases}$$

式中：$[x]$代表取整函数。

经过一些基本的概率运算，给出$T_{\text{LPGA},1}$和$T_{\text{LPGA},2}$的均值和方差：

$$E(T_{\text{LPGA},1}|\text{IC}) = 0,$$

$$\mathrm{Var}(T_{\mathrm{LPGA},1}|\mathrm{IC}) = \begin{cases} \dfrac{mn\left(2[\frac{N}{4}]^3 + 3[\frac{N}{4}]^2 + [\frac{N}{4}]\right)}{3N(N-1)(N+1)^2} & \text{当} N \text{是奇数} \\ \dfrac{mn[\frac{N}{4}]\left(4[\frac{N}{4}]^2 - 1\right)}{6N(N-1)(N+1)^2} & \text{当} N \text{是偶数}, \end{cases}$$

$$E(T_{\mathrm{LPGA},2}|\mathrm{IC}) = \begin{cases} \dfrac{n\left([\frac{N}{4}]^2 + [\frac{N}{4}]\right)}{N(N+1)} & \text{当} N \text{是奇数} \\ \dfrac{n[\frac{N}{4}]^2}{N(N+1)} & \text{当} N \text{是偶数}, \end{cases}$$

$$\mathrm{Var}(T_{\mathrm{LPGA},2}|\mathrm{IC}) = \begin{cases} \dfrac{mn\left(2(N-3)[\frac{N}{4}]^3 + 3(N-1)[\frac{N}{4}]^2 + N[\frac{N}{4}] - 3[\frac{N}{4}]^4\right)}{3N^2(N-1)(N+1)^2} & \text{当} N \text{是奇数} \\ \dfrac{mn\left(4N[\frac{N}{4}]^3 - N[\frac{N}{4}] - 6[\frac{N}{4}]^4\right)}{6N^2(N-1)(N+1)^2} & \text{当} N \text{是偶数}. \end{cases}$$

5.2.1.3 LPlog统计量（中尾）

logistic分布是对称分布，且尾部权重略高于正态分布。对于logistic分布，位置参数的渐近局部最优势检验的计分函数为

$$a_{\mathrm{LPlog}}(k) = \frac{2k}{N+1} - 1.$$

类似地，对于logistic分布，尺度参数的渐近局部最优势检验的计分函数为

$$b_{\mathrm{LPlog}}(k) = -1 - \left(\frac{2k}{N+1} - 1\right) \ln\left(\frac{N+1}{k} - 1\right).$$

详细推导参见Hájek等（1999）。Kössler（2006）介绍了由上述两个计分函数构成的Lepage统计量，简记为LPlog。经过一些基本的概率运算，统计量$T_{\mathrm{LPlog},1}$和$T_{\mathrm{LPlog},2}$的均值和方差分别为

$$E(T_{\mathrm{LPlog},1}|\mathrm{IC}) = 0, \mathrm{Var}(T_{\mathrm{LPlog},1}|\mathrm{IC}) = \frac{mn}{3(N+1)},$$

$$E(T_{\mathrm{LPlog},2}|\mathrm{IC}) = \frac{n}{N}\left(-N - \frac{2}{N+1}\sum_{k=1}^{N} k \ln\left(\frac{N+1-k}{k}\right)\right),$$

$$\mathrm{Var}(T_{\mathrm{LPlog},2}|\mathrm{IC}) = \frac{mn}{N(N-1)}\sum_{k=1}^{N}\left(\left(1 - \frac{2k}{N+1}\right)\ln\left(\frac{N+1-k}{k}\right) \right.$$
$$\left. + \frac{2}{N(N+1)}\sum_{k=1}^{N} k \ln\left(\frac{N+1-k}{k}\right)\right)^2.$$

当样本来自对称中尾分布时，推荐使用LPlog统计量用于同时检测位置参数和尺度参数的变化。

5.2.1.4 LPLT统计量（长尾）

当数据来自对称长尾分布，我们推荐使用Kössler（2006）给出的Lepage统计量，对应的计分函数为

$$a_{\mathrm{LPLT}}(k) = \begin{cases} -1 & k < [\frac{N}{4}] + 1 \\ \frac{4k}{N+1} - 2 & [\frac{N}{4}] + 1 \leqslant k \leqslant [\frac{3}{4}(N+1)] \\ 1 & k > [\frac{3}{4}(N+1)], \end{cases}$$

$$b_{\mathrm{LPLT}}(k) = 3\left(\frac{2k}{N+1} - 1\right)^2 - 1.$$

其中：$a_{\mathrm{LPLT}}(k)$是logistic-double exponential分布位置参数的渐近局部最优势检验的计分函数，$b_{\mathrm{LPLT}}(k)$是自由度为2的t分布尺度参数的渐近局部最优势检验的计分函数（参见Hájek等1999）。由$a_{\mathrm{LPLT}}(k)$和$b_{\mathrm{LPLT}}(k)$组成的Lepage统计量简记为LPLT。经过概率运算，$T_{\mathrm{LPLT},1}$和$T_{\mathrm{LPLT},2}$的均值和方差分别为

$$E(T_{\mathrm{LPLT},1}|\mathrm{IC}) = 0,$$

$$\mathrm{Var}(T_{\mathrm{LPLT},1}|\mathrm{IC}) = \frac{2mn\left((7+6N-9N^2)[\frac{N}{4}] + 24N[\frac{N}{4}]^2 - 16[\frac{N}{4}]^3 - 2N + 2N^3\right)}{3(N+1)^2 N(N-1)},$$

$$E(T_{\mathrm{LPLT},2}|\mathrm{IC}) = \frac{n}{N}\left(\frac{2}{N+1} - 2\right), \mathrm{Var}(T_{\mathrm{LPLT},2}|\mathrm{IC}) = \frac{4mn(N^2-4)}{5(N+1)^3}.$$

5.2.2 自适应Lepage控制图

传统的Lepage控制图并没有使用关于过程分布的形状等信息。实际上，不同的计分函数针对不同尾部权重的分布具有较优的性能。因此，我们建议利用阶段I受控样本估计过程分布的尾部权重，使用尾部权重信息来选择适当的计分函数，并设计自适应控制图。该方法具有自适应性，它的设计目的是尽量减少与过程分布形状相关的信息丢失。

Büning和Thadewald（2000）以及Kössler（2006）提出了自适应双样本位置和尺度的联合检验。他们主要考虑对称分布的情况。然而，研究结果表明，为对称分布设计的检验统计量对于偏态分布也很好。本章遵循Kössler（2006）思想：首先，根据尾部权重值对过程分布分类；之后，选择合适的Lepage型统计量用于过程监控。利用下面的公式计算分布的尾部权重值：

$$W = \frac{F^{-1}(0.95) - F^{-1}(0.05)}{F^{-1}(0.85) - F^{-1}(0.15)}.$$

W是关于位置参数和尺度参数的不变量。使用样本估计量$\hat{Q}(\cdot)$代替分位数函数$F^{-1}(\cdot)$，W的估计量$\hat{W}$定义为

$$\hat{W}=\frac{\hat{Q}(0.95)-\hat{Q}(0.05)}{\hat{Q}(0.85)-\hat{Q}(0.15)},\hat{Q}(u)=\begin{cases}X_{(1)}-(1-\epsilon)(X_{(2)}-X_{(1)}) & u<\dfrac{1}{2m}\\(1-\epsilon)X_{(j)}+\epsilon X_{(j+1)} & \dfrac{1}{2m}\leqslant u\leqslant\dfrac{2m-1}{2m}\\X_{(m)}+\epsilon(X_{(m)}-X_{(m-1)}) & u>\dfrac{2m-1}{2m}.\end{cases}\tag{5.1}$$

式中：$\epsilon=m\cdot u+\dfrac{1}{2}-j$，$j=[m\cdot u+\dfrac{1}{2}]$；$X_{(i)}$是样本容量为$m$的参考样本的第$i$个顺序统计量。

下面我们介绍Kössler（2006）一文提出的自适应检验统计量。

5.2.2.1 自适应Lepage型统计量

Kössler（2006）提出了一个自适应检验统计量，简记为LPA。LPA统计量是基于前面介绍的三个Lepage统计量，即LPGA，LPlog和LPLT，具体定义如下：

$$\mathrm{LPA}=\begin{cases}\mathrm{LPGA} & \hat{W}\leqslant 1.55\\\mathrm{LPlog} & 1.55<\hat{W}\leqslant 1.8\\\mathrm{LPLT} & \hat{W}>1.8.\end{cases}$$

LPA统计量的自适应性可以理解为：当过程分布是短尾分布（即$\hat{W}\leqslant 1.55$）时，使用LPGA统计量；当过程服从中尾分布（即$1.55<\hat{W}\leqslant 1.8$）时，使用LPlog统计量；当过程服从长尾分布（即$\hat{W}>1.8$）时选择LPLT统计量。实际上，Kössler（2006）提出的LPA检验统计量是基于渐近理论的。然而在实际应用中，样本量是有限的，甚至由于生产周期和生产成本等因素的限制，样本容量可能很小。为了研究渐近理论是否适用于有限样本，本书在5.3节研究了LPA统计量对不同类型分布的性能。研究结果表明：对于中小样本，特别是当检验样本的样本容量与参考样本相比确实太小时，渐近理论不总是成立的。因此，基于Monte-Carlo模拟结果，本书在5.2.2.2小节中提出了一种新的具有有限样本修正的自适应Lepage检验统计量。

5.2.2.2 基于有限样本修正的自适应Lepage统计量

在大多数实际情况，检验样本容量n通常很小。相反，计分函数是在渐近理论下对某个分布类型的位置参数和尺度参数的局部最优势检验。对于有限样本，特别是当检验样本容量很小时，结果与渐近理论可能略有不同。Mukherjee和Rakitzis（2019）指出，即使对于参数控制图，也存在类似的情况。他们提到，尽管用于监测

多个参数的Wald统计量和似然比统计量是渐近等价的，它们的有限样本性质仍有所不同。本章研究了LPGA、LPlog和LPLT统计量以及自适应型LPA统计量在有限样本时的失控性能。计算细节将在下一节给出。正如预期的那样，观察到LPlog控制图对于logistic分布（尾部权重$W=1.70$）是最好的。然而，对于均匀分布（$W=1.29$），LPlog控制图的性能也略优于LPGA控制图。此外，对于Laplace分布（$W=1.91$），当尺度参数向上漂移时，LPlog控制图略优于LPLT控制图；当尺度参数向下漂移，LPLT控制图表现更好。因此，LPGA控制图没有竞争力。当过程分布是自由度为2的t分布（以下简称$t(2)$，$W=2.11$）或柯西分布（$W=3.22$）时，LPLT控制图仍然具有很好的性能表现。因此，基于LPGA、LPlog和LPLT控制图在有限样本时的性能表现，本章设计了一个简化的自适应统计量，简记为MLPA。MLPA统计量仅依赖于LPlog和LPLT，定义为

$$\text{MLPA} = \begin{cases} \text{LPlog} & \hat{W} \leqslant c \\ \text{LPLT} & \hat{W} > c. \end{cases}$$

式中：c是介于1.70和2.11之间的常数。

因为Laplace分布的尾部权重值为1.91，是区间$(1.70, 2.11)$的中心，下面利用Laplace分布来确定阈值c。为此，考虑一个常用的性能指标，加权平均运行长度，来评估控制图的总体性能。在本章中，由于需要同时监控位置和尺度两个参数，选择一种简单的加权方法，参见Ryu等（2010）、Mukherjee和Marozzi（2017a）以及Mukherjee和Sen（2018），简记为EARL。对于对称分布，通过Laplace分布下EARL最小来确定阈值c。EARL的具体公式为

$$EARL(c|\text{Laplace}) = \int_c^d \int_a^b \omega(\theta, \delta) ARL(\theta, \delta|c) f_{\theta\delta}(\theta, \delta) \mathrm{d}\theta \mathrm{d}\delta, \tag{5.2}$$

式中：$\omega(\theta, \delta)$代表权重，这里取$\omega(\theta, \delta)=1$；$f_{\theta\delta}(\theta, \delta)$是$(\theta, \delta)$在区域$[a,b] \times [c,d]$的联合概率密度函数，在实际中，$f_{\theta\delta}(\theta, \delta)$通常是未知的，一般可采用区域上的均匀分布，即$f_{\theta\delta}(\theta, \delta) = \dfrac{1}{(d-c)(b-a)}, a \leqslant \theta \leqslant b, c \leqslant \delta \leqslant d$。$ARL(\theta, \delta|c)$是当给定阈值$c$，在Laplace分布下位置参数和尺度参数发生漂移(θ, δ)时，MLPA控制图的平均运行长度。

注意到MLPA控制图主要用于检测位置参数漂移$\theta \in [0,3]$和尺度参数漂移$\delta \in [1,2]$，因此本章考虑上述漂移范围的$ARL(\theta, \delta|c)$值来确定阈值c。对于更大漂移，无论c取何值，MLPA控制图几乎可以立即发出报警。为了便于计算，利用黎曼和近似公式(5.2)中的积分。在区间$(1.70, 2.11)$中寻找c值使$EARL(c|\text{Laplace})$达到最小，经过

计算，得到$c=1.91$。

对于右偏分布，也可以利用上述方法来确定阈值c。因为秩不受对数变换（单调变换）的影响，对数正态分布（$W=2.02$）在过程失控时的性能与正态分布相同。同样，logistic和log-logistic（$W=3.45$）分布、Laplace和log-Laplace（$W=3.26$）分布、$t(2)$和$\log-t(2)$（$W=4.93$）分布的失控性能是相同的。在前三种情况下，LPlog控制图性能表现更好；在最后一种情况下，LPLT控制图表现较好。因此，对于右偏分布，阈值$c=4.19$。

5.2.3 控制图的设计与实施步骤

在本小节中，讨论基于LPGA、LPlog、LPLT、LPA和MLPA统计量的Shewhart控制图。根据定义，这些Lepag统计量是非负的。此外，无论过程参数发生何种漂移，失控状态下统计量的值与受控状态下相比将变大，因此，上述五个控制图都只需要上控制限。

5.2.3.1 控制限的计算

考虑基于Lepage统计量$T_{\mathrm{LP}[S]}$的阶段II控制图，其中$[S]$表示相应的检测统计量，即$[S]=$ WAB,GA,log,LT。控制图$T_{\mathrm{LP}[S]}$对应的上控制限记为$H_{\mathrm{LP}[S]}$，运行长度变量记为$RL_{\mathrm{LP}[S]}$。控制图的运行长度分布及ARL的一般形式可由定理5.1给出：

定理 5.1 当$r=1,2,\cdots$,$RL_{\mathrm{LP}[S]}$的分布可表示为

$$Prob\left[RL_{\mathrm{LP}[S]}=r\right]=E\left[\Psi(\boldsymbol{X}_m)\right]^{r-1}-E\left[\Psi(\boldsymbol{X}_m)\right]^{r}.$$

式中：$\Psi(\boldsymbol{X}_m)=Prob\left[T_{1,\mathrm{LP}[S]}\leqslant H_{\mathrm{LP}[S]}|\boldsymbol{X}_m\right].$

证明 易知：

$$\begin{aligned}Prob\left[RL_{\mathrm{LP}[S]}=r\right]=E&\left[Prob\left(T_{1,\mathrm{LP}[S]}\leqslant H_{\mathrm{LP}[S]},\cdots,T_{r-1,\mathrm{LP}[S]}\right.\right.\\&\left.\left.\leqslant H_{\mathrm{LP}[S]},T_{r,\mathrm{LP}[S]}>H_{\mathrm{LP}[S]}|\boldsymbol{X}_m\right)\right].\end{aligned}$$

当给定阶段I样本$\boldsymbol{X}_m$时，$T_{j,\mathrm{LP}[S]},j=1,2,\cdots$是独立同分布的。因此，条件运行长度分布是几何分布。由此可得：

$$\begin{aligned}Prob\left[RL_{\mathrm{LP}[S]}=r\right]&=E\left[\left(Prob\left[T_{1,\mathrm{LP}[S]}\leqslant H_{\mathrm{LP}[S]}|\boldsymbol{X}_m\right]\right)^{r-1}Prob\left[T_{1,\mathrm{LP}[S]}>H_{\mathrm{LP}[S]}|\boldsymbol{X}_m\right]\right]\\&=E\left(Prob\left[T_{1,LP[S]}\leqslant H_{\mathrm{LP}[S]}|\boldsymbol{X}_m\right]\right)^{r-1}-E\left(Prob\left[T_{1,\mathrm{LP}[S]}\leqslant H_{\mathrm{LP}[S]}|\boldsymbol{X}_m\right]\right)^{r}.\end{aligned}$$

由定理5.1可得：

$$E\left[RL_{\text{LP}[S]}\right] = \sum_{r=1}^{\infty} r \cdot Prob\left[RL_{\text{LP}[S]} = r\right] = \sum_{r=0}^{\infty} E\left[\Psi\left(\boldsymbol{X}_m\right)\right]^r = E\left[\frac{1}{1-\Psi(\boldsymbol{X}_m)}\right].$$

当过程受控时，$\Psi(\boldsymbol{X}_m)$与过程分布无关，但是在失控的情况下，$\Psi(\boldsymbol{X}_m)$依赖于过程分布函数。定理5.1在过程受控和失控状态下均有效。当$\min(m,n)\to\infty$，$\frac{m}{m+n}\to\lambda(>0)$（$\lambda$为常数），运行长度分布收敛到几何分布。容易看出，当控制限$H_{\text{LP}[S]}$增大时，$E[RL_{\text{LP}[S]}]$也相应增加。通过固定受控ARL_0，计算控制限$H_{\text{LP}[S]}$。进一步，当给定样本$\boldsymbol{X}_m$时，其尾部权重W为一常数，LPA和MLPA控制图的运行长度分布和ARL值将遵循相应的单个控制图。

5.2.3.2 LPGA,LPlog和LPLT控制图的设计方案

LPGA控制图是Mukherjee和Sen（2018）提出的一类基于修正Lepage统计量的控制图的一个特例。LPGA控制图和两个新提出的控制图，即LPlog和LPLT的设计步骤如下。

1) 选取来自阶段I可控过程的参考样本$\boldsymbol{X}_m = (X_1, X_2, \cdots, X_m)$，样本容量为$m$。

2) 设$\boldsymbol{Y}_j = (Y_{j1}, Y_{j2}, \cdots, Y_{jn}), j = 1, 2, \cdots$为来自阶段II第$j$个检验样本，样本容量为$n$。

3) （i）对于LPGA控制图，基于参考样本和第j个检验样本计算统计量$T_{LPGA,1j}$和$T_{LPGA,2j}$，并计算统计量的均值和方差；

（ii）对于LPlog控制图，计算参考样本和第j个检验样本对应的统计量$T_{LPlog,1j}$和$T_{LPlog,2j}$，并计算统计量的均值和方差；

（iii）对于LPLT控制图，计算参考样本和第j个检验样本对应的统计量$T_{LPLT,1j}$和$T_{LPLT,2j}$，并计算统计量的均值和方差。

4) 分别计算LPGA、LPlog和LPLT控制图的检验统计量$T_{\text{LPGA},j}$、$T_{\text{LPlog},j}$和$T_{\text{LPLT},j}$，$j=1,2,\cdots$。

5) 令H_{LPGA}、H_{LPlog}和H_{LPLT}分别为LPGA、LPlog和LPLT控制图的上控制限。当$j=1,2,\cdots$，比较检验统计量$T_{\text{LP}[S],j}$与相应的上控制限$H_{\text{LP}[S]}$，式中$[S]$=GA或log或LT。

6) 当检验统计量$T_{\text{LP}[S],j}$的值大于相应的上控制限$H_{\text{LP}[S]}$，$[S]$=GA或log或LT，控制图发出失控报警，此时需要操作人员查找失控原因，否则过程被认为受

控，控制图将继续检测下一个检验样本。

5.2.3.3 LPA控制图的设计方案

LPA控制图的设计步骤如下。

1） 与第5.2.3.2小节步骤1）相同。

2） 与第5.2.3.2小节步骤2）相同。

3） 基于参考样本$\boldsymbol{X}_m=(X_1,X_2,\cdots,X_m)$计算尾部权重的估计值$\hat{W}$，根据$\hat{W}$值选择LPGA或LPlog或LPLT统计量作为控制图的检验统计量。确切地说，当$\hat{W}\leqslant 1.55$时，基于参考样本和第j个检验样本计算$T_{\mathrm{LPGA},j}$，并与相应的上控制限H_{LPGA}比较；当$\hat{W}>1.55$且$\hat{W}\leqslant 1.8$，计算$T_{\mathrm{LPlog},j}$并与相应的上控制限H_{LPlog}比较；当$\hat{W}>1.8$，计算$T_{\mathrm{LPLT},j}$与相应的上控制限H_{LPLT}比较。

4） 当检验统计量$T_{\mathrm{LP}[S],j}$大于上控制限$H_{\mathrm{LP}[S]}$，$[S]=\mathrm{GA}$或log或LT，控制图发出报警信号，此时操作人员需要查找失控原因，否则认为过程可控，控制图将继续监测下一个检验样本。

5.2.3.4 MLPA控制图的设计方案

MLPA控制图的设计步骤如下。

1） 与第5.2.3.2小节步骤1）相同。

2） 与第5.2.3.2小节步骤2）相同。

3） 基于参考样本$\boldsymbol{X}_m=(X_1,X_2,\cdots,X_m)$计算尾部权重的估计值$\hat{W}$，根据$\hat{W}$值选择LPlog或LPLT统计量作为控制图的检验统计量。确切地说，当$\hat{W}\leqslant 1.91$时，基于参考样本和第j个检验样本计算$T_{\mathrm{LPlog},j}$，并与相应的上控制限H_{LPlog}比较；当$\hat{W}>1.91$时，计算$T_{\mathrm{LPLT},j}$并与相应的上控制限H_{LPLT}比较。

4） 当检验统计量$T_{\mathrm{LP}[S],j}$大于上控制限$H_{\mathrm{LP}[S]}[S]=\log$或LT，控制图发出报警信号，此时操作人员需要查找失控原因，否则认为过程可控，控制图将继续监测下一个检验样本。

5.3 数值结果与比较分析

在本节中，我们分析所提出控制图的受控和失控性能，包括LPGA、LPlog、LPLT、LPA和MLPA。ARL和SDRL是常用的控制图性能评价指标。但由于运行长度分布是右偏的，本节还给出了运行长度分布的5个分位数，包括第5、25、50、75和95分位数，用来进一步刻画控制图运行长度分布的特征。

5.3.1 控制图受控时的性能分析

为了在实际中应用上述提出的控制图，首先需要计算上控制限H，使得ARL_0等于给定值。利用Fortran软件，基于Monte-Carlo模拟的方法计算上控制限。由于所提出的控制图是非参数的，即与过程分布无关，选取来自标准正态分布的m个样本作为阶段 I 的参考样本，同样选取来自标准正态分布的n个样本作为阶段 II 的检验样本。模拟50 000次。选择参考样本容量$m=50$，100，150和300，以涵盖小到中等参考样本大小；检验样本容量$n=5$和10，并取定ARL_0为250，370和500。表5.1列出了所提出控制图对应不同$(m,n;ARL_0)$组合的上控制限值。

表 5.1　不同ARL_0值下的**LPGA**、**LPlog**和**LPLT**控制图的上控制限

参数		LPGA控制图			LPlog控制图			LPLT控制图		
		ARL_0			ARL_0			ARL_0		
m	n	250	370	500	250	370	500	250	370	500
50	5	10.17	11.02	11.879	9.61	10.39	11.03	8.72	9.36	9.91
50	11	8.11	8.39	9.03	8.29	8.74	9.19	9.17	9.66	10.06
100	5	11.97	12.91	13.821	11.21	12.22	12.96	9.63	10.32	10.85
100	11	9.81	10.65	11.44	9.61	10.32	10.94	9.64	10.24	10.69
150	5	12.81	13.81	14.75	11.97	12.98	13.91	9.93	10.63	11.22
150	11	10.69	11.62	12.43	10.32	11.21	11.89	9.94	10.51	11.02
300	5	13.44	14.56	15.50	13.06	14.18	15.12	10.25	11.01	11.61
300	11	11.72	12.78	13.71	11.26	12.29	13.15	10.21	10.99	11.50

对于给定的(m,n)值，从表5.1找到相应的上控制限H值使$ARL_0=500$，研究过程受控时所提出控制图步长分布的某些特性，模拟结果见表5.2，表5.2中每个单元格的第一行给出ARL、SDRL以及ARL的标准误差（简记为SE），第二行给出步长分布的第5、25、50、75和95分位数，按升序排列。为了验证所提出控制图的非参数性质，

可以很容易地验证对于给定的$(m, n;\ ARL_0)$组合，表5.1中给出的H值对于任何其他非正态分布同样有效，稍后可以从表5.4至表5.9中看到这一点。对于$\theta = 0$和$\delta = 1$，在不同过程分布下，控制图的ARL_0值和$SDRL$值以及步长分布的分位数几乎相同，进一步表明所提出控制图在受控状态下是稳健的。

由表5.2可知，对于每个控制图，ARL_0值都远大于步长分布的中位数。第95分位数大约是ARL_0值的3.2~5.2倍。这些结果表明控制图的运行长度分布是右偏的。一方面，当固定检验样本容量n，步长分布的第5、25、50和75分位数随着参考样本m的增大而不断增大，但第95分位数和$SDRL$值随着m的增大而逐渐减小。另一方面，若固定参考样本容量m，结论正好相反，即当检验样本容量n增大时，步长分布的第5、25、50和75分位数逐渐减小，而第95分位数和SDRL不断增大。上述结论对所考虑的控制图均成立，除了LPLT控制图在$m = 50$和$m = 100$时的情况。这些结果表明，较大的参考样本容量将有利于减少小步长误报警和消除过大步长。因此，在生产资源和成本允许的情况下，较大的参考样本容量会有效地提高控制图在受控时的性能，但从控制图的受控性能角度来说，较大的检验样本容量是应该避免的。

表 5.2 LPGA、LPlog、LPLT、LPA和MLPA控制图受控状态时的性能(ARL_0=500)

m	n	LPGA控制图		LPlog控制图		LPLT控制图		LPA控制图	MLPA 控制图
		H	$ARL_0(SDRL_0$,SE) 分位数	H	$ARL_0(SDRL_0$,SE) 分位数	H	$ARL_0(SDRL_0$,SE) 分位数	$ARL_0(SDRL_0$,SE) 分位数	$ARL_0(SDRL_0$,SE) 分位数
50	5	11.879	529.22(925.65,4.14) 9,60,188,529,2392	11.03	495.06(885.22,3.96) 9,56,175,494,2163	9.91	501.18(828.76,3.71) 12,69,203,543,2096	493.10(871.66,3.90) 9,58,175,494,2178	479.29(869.56,3.89) 8,54,164,467,2109
50	11	9.03	495.82(989.20,4.42) 6,35,124,418,2617	9.19	500.51(942.82,4.22) 6,43,144,465,2435	10.06	498.18(713.55,3.19) 11,76,227,612,1949	487.47(927.86,4.15) 6,42,139,461,2316	493.15(928.30,4.15) 6,43,144,465,2344
100	5	13.821	507.01(729.25,3.26) 15,93,250,611,1843	12.96	497.45(775.22,3.47) 13,79,225,560,1925	10.85	497.91(715.33,3.20) 15,92,249,595,1830	515.50(777.89,3.48) 14,86,241,600,1948	497.75(787.13,3.52) 13,79,220,550,1967
100	11	11.44	500.21(845.58,3.78) 11,65,192,526,2096	10.94	501.15(845.99,3.78) 10,63,190,531,2137	10.69	501.36(704.06,3.15) 14,88,245,620,1867	503.97(844.67,3.78) 11,66,196,537,2128	503.70(854.27,3.82) 11,65,194,528,2125
150	5	14.75	505.03(675.91,3.02) 18,106,276,625,1756	13.91	497.95(713.10,3.19) 15,92,247,594,1827	11.22	506.20(660.78,2.96) 20,109,280,636,1765	513.95(722.34,3.23) 17,101,262,617,1871	492.16(700.55,3.13) 15,91,247,593,1789
150	11	12.43	495.51(755.71,3.38) 14,82,227,570,1908	11.89	504.26(793.12,3.55) 13,77,221,572,1982	11.02	496.74(672.31,3.01) 16,97,261,623,1795	511.23(794.09,3.55) 14,82,228,572,2017	492.06(772.80,3.46) 12,79,216,550,1973
300	5	15.50	499.86(575.69,2.57) 22,127,311,657,1627	15.12	495.30(630.67,2.82) 19,109,282,634,1689	11.61	495.95(574.78,2.57) 22,123,306,659,1595	512.20(633.04,2.83) 22,118,304,654,1702	493.57(631.99,2.83) 19,110,282,624,1687
300	11	13.71	504.97(663.20,2.97) 19,108,277,635,1767	13.15	500.83(693.07,3.10) 17,100,260,607,1800	11.50	499.26(619.68,2.77) 20,116,296,637,1679	512.58(687.38,3.07) 18,104,277,637,1819	496.86(686.20,3.07) 18,101,261,607,1786

5.3.2 控制图小步长误报率的比较分析

从生产成本的角度来看，控制图在监控生产过程中出现过多的小步长误报警肯定是不合理的。在受控状态下，控制图的运行长度分布应接近几何分布。注意到当受控步长分布为几何分布时，在前25个检验样本的误报率约为0.0488。因此，本小节比较上述控制图在前25个检验样本的误报率。为了公平比较，所有控制图都给定ARL_0等于500，结果如表5.3所示。对于固定的检验样本容量n，当参考样本容量m从50增加到300时，前25个检验样本的误报率逐渐减少。但是当固定参考样本容量m，前25个检验样本的误报率随着检验样本容量n的增加而逐渐增加。当$m=300$，$n=5$时，各控制图的误报率均接近0.05。因此，对于较小的n，当$m>100$时，控制图的误报率是合理的。

表 5.3 LPGA、LPlog、LPLT、LPA和MLPA控制图在前25个检验样本的误报率(ARL_0=500)

m	n	LPGA	LPlog	LPLT	LPA	MLPA
50	5	0.118	0.131	0.111	0.128	0.134
100	5	0.080	0.091	0.077	0.084	0.095
150	5	0.068	0.079	0.069	0.073	0.078
300	5	0.058	0.064	0.056	0.064	0.065
50	11	0.196	0.171	0.103	0.173	0.175
100	11	0.113	0.121	0.091	0.114	0.121
150	11	0.091	0.094	0.076	0.090	0.096
300	11	0.067	0.076	0.063	0.067	0.071

5.3.3 控制图的失控性能比较

在过程受控时，由于本章研究的控制图是非参数的，控制图的性能对于所有一元连续过程分布都是稳健的。但是，当过程失控时，控制图的失控性能与过程分布有关。因此，评估控制图在不同过程分布下的失控性能是很重要的。对相同的ARL_0，控制图在失控状态下的ARL_1越小，则认为该控制图检测参数漂移的能力越好。本小节基于Monte-Carlo进行模拟研究，以评估控制图的检测能力。Chowdhury等（2014）提出了基于Cucconi统计量的Shewhart控制图（简记为SC控制图）。Marozzi

（2009）在不同的过程分布下，对Cucconi检验进行了详细的研究并指出在许多情况下，Cucconi检验比Lepage检验具有更好或者相同的性能表现。感兴趣的读者也可以参阅Marozzi（2013）。因此，控制图的失控性能比较也包括SC控制图。注意到在构建两个自适应控制图时，并没有包括为偏态分布设计的任何线性秩检验。因此，在控制图的失控性能比较中，首先考虑4个属于位置－尺度分布族的对称分布。具体如下：

1) 区间$(\theta-\delta, \theta+\delta)$上的均匀分布（短尾对称分布），均值和标准差分别为$\theta$和$\delta^2/3$，简记为Uniform$(\theta,\delta)$；
2) 正态分布（中尾对称分布），均值为θ，标准差为δ，简记为$N(\theta,\delta)$。
3) Laplace分布（重尾对称分布），均值和标准差分别为θ和$\delta\sqrt{2}$，简记为Laplace(θ,δ)；
4) 柯西分布（重尾对称分布），简记为Cauchy(θ,δ)，不存在均值和方差。

当过程受控时，上述4个分布的参数均设置为$\theta=0, \delta=1$。换句话说，参考样本是来自标准化的分布。但是模拟研究并不局限于上述4种对称分布。为了研究过程分布是偏态分布时所提出控制图的检测性能，考虑两个偏态分布，即Gumbel分布（简记为Gumbel(θ,δ)）和双参数指数分布（简记为SE(θ,δ)）。对于Gumbel分布，可控样本取自Gumbel(0,1)，而检验样本来自Gumbel(θ,δ)，其概率密度函数为$f(x)=\frac{1}{\delta}e^{-z-e^{-z}}, z=\frac{x-\theta}{\delta}$。对于双参数指数分布，受控样本取自SE(0,1)，而检验样本来自SE(θ,δ)，其概率密度函数为$f(x)=\frac{1}{\delta}e^{-\frac{1}{\delta}(x-\theta)}, x\in[\theta,\infty)$，均值为$\theta+\delta$，方差为$\delta^2$。

表5.4至表5.9给出在不同分布及位置和尺度参数的不同漂移下所有控制图的失控步长特性。具体为，当$m=100, n=5$，共考虑16个θ和δ的组合，即θ=0、0.5、1和2以及δ=1、1.25、1.5和2。令所有的控制图的ARL_0=500。表5.4至表5.9中每个单元格的第一行给出相应漂移的ARL值，后面括号中给出SDRL值，而第二行列出第5、25、50、75和95分位数值（按此顺序）。在这些表格中使用了两种阴影，其中深灰色的阴影表示在给定漂移下的最优控制图，即该控制图的ARL_1最小，而使用浅灰色的阴影表示性能与最优控制图最接近。

表 5.4 控制图的性能比较，基于$Uniform(\theta,\delta)$分布(m=100，n=5，ARL_0=500)

θ	δ	LPGA控制图	LPlog控制图	LPLT控制图	LPA控制图	SL控制图	SC控制图	MLPA控制图
0	1	515.41(755.03) 16,94,255,603,1935	500.19(786.21) 13,79,221,565,1973	508.65(727.44) 17,95,255,611,1873	510.21(741.63) 16,93,252,598,1921	505.43(674.15) 18,105,273,631,1770	493.89(695.45) 16,93,251,594,1781	500.78(785.50) 13,80,222,562,1969
0	1.25	19.48(19.65) 1,6,13,27,58	8.28(7.91) 1,3,6,11,24	21.56(22.29) 2,6,15,29,65	19.31(19.70) 1,6,13,26,58	39.35(41.50) 2,11,26,53,122	22.84(23.99) 2,7,15,31,70	8.21(7.88) 1,3,6,11,24
0	1.5	7.21(6.79) 1,2,5,10,21	3.36(2.82) 1,1,2,4,9	7.53(7.20) 1,2,5,10,22	7.21(6.84) 1,2,5,10,21	14.66(14.80) 1,4,10,20,44	8.20(7.83) 1,3,6,11,24	3.39(2.88) 1,1,2,4,9
0	2	3.18(2.66) 1,1,2,4,8	1.75(1.16) 1,1,1,2,4	3.13(2.59) 1,1,2,4,8	3.20(2.65) 1,1,2,4,8	5.82(5.40) 1,2,4,8,16	3.35(2.84) 1,1,2,4,9	1.74(1.14) 1,1,1,2,4
0.5	1	6.30(5.94) 1,2,4,8,18	5.49(5.08) 1,2,4,7,16	11.87(12.25) 1,4,8,16,36	6.26(5.96) 1,2,4,8,18	11.09(11.36) 1,3,8,15,33	9.48(9.50) 1,3,6,13,28	5.56(5.14) 1,2,4,7,16
0.5	1.25	4.61(4.07) 1,2,3,6,13	4.32(3.82) 1,2,3,6,12	9.19(8.89) 1,3,6,12,27	4.67(4.16) 1,2,3,6,13	8.87(8.69) 1,3,6,12,26	7.69(7.34) 1,3,5,10,22	4.30(3.81) 1,2,3,6,12
0.5	1.5	3.81(3.25) 1,1,3,5,10	3.28(2.78) 1,1,2,4,9	6.31(5.85) 1,2,4,8,18	3.79(3.31) 1,1,3,5,10	7.36(6.97) 1,2,5,10,21	5.76(5.32) 1,2,4,8,16	3.27(2.77) 1,1,2,4,9
0.5	2	2.65(2.12) 1,1,2,3,7	1.74(1.14) 1,1,1,2,4	2.99(2.46) 1,1,2,4,8	2.63(2.07) 1,1,2,3,7	4.69(4.23) 1,2,3,6,13	3.10(2.61) 1,1,2,4,8	1.74(1.14) 1,1,1,2,4
1	1	1.64(1.03) 1,1,1,2,4	1.47(0.85) 1,1,1,2,3	1.98(1.45) 1,1,1,2,5	1.64(1.03) 1,1,1,2,4	1.97(1.43) 1,1,1,2,5	1.80(1.25) 1,1,1,2,4	1.47(0.84) 1,1,1,2,3
1	1.25	1.72(1.12) 1,1,1,2,4	1.62(1.01) 1,1,1,2,4	2.47(1.96) 1,1,2,3,6	1.73(1.13) 1,1,1,2,4	2.44(1.91) 1,1,2,3,6	2.20(1.66) 1,1,2,3,6	1.62(1.01) 1,1,1,2,4
1	1.5	1.80(1.21) 1,1,1,2,4	1.72(1.12) 1,1,1,2,4	2.80(2.27) 1,1,2,4,7	1.79(1.19) 1,1,1,2,4	2.74(2.22) 1,1,2,4,7	2.51(1.97) 1,1,2,3,6	1.72(1.12) 1,1,1,2,4
1	2	1.82(1.22) 1,1,1,2,4	1.70(1.10) 1,1,1,2,4	2.76(2.25) 1,1,2,4,7	1.82(1.22) 1,1,1,2,4	3.01(2.51) 1,1,2,4,8	2.54(2.00) 1,1,2,3,7	1.71(1.10) 1,1,1,2,4
2	1	1.00(0.00) 1,1,1,1,1	1.00(0.00) 1,1,1,1,1	1.00(0.00) 1,1,1,1,1	1.00(0.00) 1,1,1,1,1	1.00(0.00) 1,1,1,1,1	1.00(0.00) 1,1,1,1,1	1.00(0.00) 1,1,1,1,1
2	1.25	1.00(0.01) 1,1,1,1,1	1.00(0.00) 1,1,1,1,1	1.00(0.00) 1,1,1,1,1	1.00(0.00) 1,1,1,1,1	1.00(0.01) 1,1,1,1,1	1.00(0.00) 1,1,1,1,1	1.00(0.00) 1,1,1,1,1
2	1.5	1.01(0.10) 1,1,1,1,1	1.00(0.05) 1,1,1,1,1	1.00(0.06) 1,1,1,1,1	1.01(0.10) 1,1,1,1,1	1.00(0.06) 1,1,1,1,1	1.00(0.07) 1,1,1,1,1	1.00(0.05) 1,1,1,1,1
2	2	1.08(0.29) 1,1,1,1,2	1.06(0.26) 1,1,1,1,2	1.18(0.48) 1,1,1,1,2	1.08(0.29) 1,1,1,1,2	1.18(0.47) 1,1,1,1,2	1.15(0.42) 1,1,1,1,2	1.06(0.25) 1,1,1,1,2

表 5.5 控制图的性能比较，基于 $N(\theta,\delta)$ 分布 ($m=100$, $n=5$, $ARL_0=500$)

θ	δ	LPGA控制图	LPlog控制图	LPLT控制图	LPA控制图	SL控制图	SC控制图	MLPA控制图
0	1	507.01(729.25) 15,93,250,611,1843	497.45(775.22) 13,79,225,560,1925	497.91(715.33) 15,92,249,595,1830	515.50(777.89) 14,86,241,600,1948	496.73(656.78) 17,101,271,622,1743	495.56(703.21) 16,94,249,591,1854	497.75(787.13) 13,79,220,550,1967
0	1.25	73.74(97.81) 3,17,43,93,242	51.61(73.51) 2,11,28,63,176	72.89(95.45) 3,17,43,92,241	63.38(87.75) 3,14,35,78,219	102.39(122.23) 5,25,62,134,334	74.27(94.49) 3,18,44,94,246	51.16(71.23) 2,12,29,63,173
0	1.5	23.34(26.81) 1,6,15,31,74	14.05(16.38) 1,4,9,18,45	23.18(26.14) 2,6,15,30,73	18.80(22.74) 1,5,11,24,61	37.47(42.32) 2,10,24,50,120	24.38(27.50) 2,7,15,32,77	14.19(16.63) 1,4,9,18,45
0	2	6.92(6.91) 1,2,5,9,20	3.98(3.75) 1,1,3,5,11	6.69(6.66) 1,2,5,9,20	5.40(5.55) 1,2,4,7,16	11.69(11.86) 1,3,8,16,35	7.14(7.05) 1,2,5,9,21	4.07(3.88) 1,1,3,5,12
0.5	1	78.13(140.81) 3,14,36,85,283	82.61(162.08) 3,13,36,88,309	79.39(136.09) 3,15,39,92,280	80.31(154.01) 3,14,37,87,289	68.84(108.32) 3,14,35,81,242	70.87(119.66) 3,14,34,81,254	81.36(150.02) 3,13,36,88,294
0.5	1.25	25.66(33.92) 1,6,15,32,85	21.05(28.30) 1,5,12,26,70	28.36(35.34) 2,7,17,36,93	23.74(31.21) 1,6,14,30,78	30.96(39.16) 2,8,19,39,100	26.26(33.99) 2,7,16,33,86	21.35(28.56) 1,5,12,27,70
0.5	1.5	12.67(14.22) 1,4,8,16,39	9.19(10.32) 1,3,6,12,28	14.19(15.64) 1,4,9,19,44	10.99(12.24) 1,3,7,14,34	18.25(20.56) 1,5,12,24,58	13.59(15.07) 1,4,9,18,42	9.25(10.37) 1,3,6,12,28
0.5	2	5.48(5.28) 1,2,4,7,16	3.49(3.11) 1,1,2,5,10	5.62(5.39) 1,2,4,7,16	4.51(4.44) 1,2,3,6,13	8.64(8.46) 1,3,6,12,25	5.84(5.62) 1,2,4,8,17	3.56(3.31) 1,1,2,5,10
1	1	8.50(10.96) 1,2,5,10,28	8.18(11.39) 1,2,5,10,27	8.60(10.29) 1,2,5,11,27	8.39(11.19) 1,2,5,10,27	7.72(9.40) 1,2,5,10,24	7.73(9.42) 1,2,5,10,24	7.88(10.02) 1,2,5,10,25
1	1.25	6.02(6.55) 1,2,4,8,18	5.49(6.03) 1,2,4,7,16	7.01(7.46) 1,2,5,9,21	5.89(6.38) 1,2,4,8,18	6.77(7.17) 1,2,4,9,20	6.20(6.47) 1,2,4,8,19	5.50(5.86) 1,2,4,7,17
1	1.5	4.83(4.80) 1,2,3,6,14	4.08(3.94) 1,1,3,5,12	5.76(5.72) 1,2,4,8,17	4.59(4.52) 1,2,3,6,13	6.03(6.03) 1,2,4,8,17	5.21(5.10) 1,2,4,7,15	4.13(4.00) 1,1,3,5,12
1	2	3.42(3.02) 1,1,2,4,9	2.57(2.11) 1,1,2,3,7	3.87(3.49) 1,1,3,5,11	3.02(2.70) 1,1,2,4,8	4.95(4.61) 1,2,3,7,14	3.78(3.44) 1,1,3,5,11	2.61(2.14) 1,1,2,3,7
2	1	1.22(0.55) 1,1,1,1,2	1.18(0.50) 1,1,1,1,2	1.25(0.58) 1,1,1,1,2	1.21(0.53) 1,1,1,1,2	1.23(0.55) 1,1,1,1,2	1.21(0.52) 1,1,1,1,2	1.18(0.49) 1,1,1,1,2
2	1.25	1.36(0.73) 1,1,1,2,3	1.29(0.63) 1,1,1,1,3	1.46(0.85) 1,1,1,2,3	1.33(0.71) 1,1,1,1,3	1.42(0.79) 1,1,1,2,3	1.37(0.74) 1,1,1,2,3	1.29(0.64) 1,1,1,1,3
2	1.5	1.46(0.84) 1,1,1,2,3	1.37(0.73) 1,1,1,2,3	1.62(1.03) 1,1,1,2,4	1.43(0.82) 1,1,1,2,3	1.60(1.00) 1,1,1,2,4	1.51(0.90) 1,1,1,2,3	1.37(0.73) 1,1,1,2,3
2	2	1.58(0.97) 1,1,1,2,4	1.43(0.80) 1,1,1,2,3	1.80(1.24) 1,1,1,2,4	1.52(0.93) 1,1,1,2,3	1.90(1.34) 1,1,1,2,5	1.71(1.13) 1,1,1,2,4	1.44(0.82) 1,1,1,2,3

表 5.6　控制图的性能比较，基于$Laplace(\theta,\delta)$分布(m=100，n=5，ARL_0=500)

θ	δ	LPGA控制图	LPlog控制图	LPLT控制图	LPA控制图	SL控制图	SC控制图	MLPA控制图
0	1	509.27(745.47) 15,93,250,599,1950	502.86(785.92) 13,78,222,565,1992	503.06(717.61) 16,95,255,604,1859	485.38(704.18) 14,86,230,558,1795	497.38(659.41) 18,104,273,621,1746	493.71(701.40) 16,92,247,592,1814	486.51(719.65) 13,82,224,553,1775
0	1.25	120.93(171.39) 5,26,67,150,410	97.54(152.93) 4,19,49,115,343	121.00(165.57) 5,27,67,151,411	109.54(153.68) 4,23,60,135,382	154.12(197.71) 7,36,91,195,516	121.52(163.67) 5,27,68,152,416	105.27(151.64) 4,21,55,129,369
0	1.5	46.66(59.41) 2,11,27,59,155	32.82(44.71) 2,8,19,41,110	45.81(56.91) 2,11,27,59,149	40.82(52.83) 2,9,24,52,137	66.99(79.55) 3,17,41,88,215	48.02(60.72) 2,12,28,61,159	37.96(50.22) 2,9,21,48,127
0	2	14.40(16.29) 1,4,9,19,45	9.01(10.19) 1,3,6,12,28	13.84(15.20) 1,4,9,18,43	12.18(14.32) 1,3,8,16,39	23.07(25.13) 1,6,15,31,72	14.59(16.12) 1,4,9,19,45	11.26(12.98) 1,3,7,15,36
0.5	1	243.89(467.43) 5,32,94,249,961	222.82(444.96) 5,29,83,228,870	179.16(349.27) 5,27,75,189,660	182.10(359.14) 5,26,73,186,693	159.25(293.47) 4,24,68,173,607	178.89(333.05) 4,26,74,190,697	189.86(377.48) 5,26,74,193,733
0.5	1.25	69.58(109.91) 3,13,34,81,254	57.03(102.24) 2,11,27,65,206	61.65(94.02) 3,12,32,74,216	58.46(95.42) 2,11,29,69,206	65.23(93.54) 3,14,34,78,231	61.10(96.33) 2,12,31,72,212	55.69(89.37) 2,11,28,65,198
0.5	1.5	31.45(41.44) 2,7,18,39,106	23.07(32.22) 1,5,13,28,78	28.91(37.69) 2,7,17,36,97	26.60(35.68) 1,6,15,33,89	35.84(45.72) 2,8,21,46,119	29.44(39.68) 2,7,17,36,99	24.84(33.27) 1,6,14,31,84
0.5	2	11.61(13.28) 1,3,7,15,37	7.55(8.54) 1,2,5,10,24	10.88(12.12) 1,3,7,14,34	9.87(11.29) 1,3,6,13,31	16.38(18.52) 1,5,10,22,51	11.40(12.62) 1,3,7,15,35	9.05(10.60) 1,3,6,12,29
1	1	43.19(114.45) 1,6,16,40,158	39.62(98.55) 1,5,15,38,146	24.14(47.22) 1,4,11,26,87	28.47(71.93) 1,5,11,28,101	20.05(38.47) 1,4,9,22,71	25.96(59.39) 1,4,11,27,94	30.00(74.85) 1,5,12,29,111
1	1.25	20.21(35.44) 1,4,10,22,72	17.52(30.07) 1,4,9,20,62	15.23(23.13) 1,3,8,18,51	15.21(23.34) 1,3,8,18,52	14.04(21.07) 1,3,8,17,47	15.30(24.06) 1,3,8,18,53	15.41(25.26) 1,3,8,18,53
1	1.5	12.50(17.84) 1,3,7,15,42	10.17(13.62) 1,3,6,12,33	10.50(13.35) 1,3,6,13,34	10.33(13.94) 1,3,6,13,33	11.16(14.10) 1,3,7,14,36	10.62(13.33) 1,3,6,13,35	10.07(13.43) 1,3,6,12,33
1	2	6.77(7.54) 1,2,4,9,21	4.92(5.31) 1,2,3,6,15	6.22(6.68) 1,2,4,8,19	5.83(6.31) 1,2,4,7,18	7.99(8.79) 1,2,5,10,24	6.41(7.00) 1,2,4,8,20	5.46(5.90) 1,2,4,7,16
2	1	2.16(2.63) 1,1,1,2,6	2.39(2.92) 1,1,1,3,7	1.90(1.61) 1,1,1,2,5	2.01(1.92) 1,1,1,2,5	1.78(1.38) 1,1,1,2,4	1.86(1.78) 1,1,1,2,5	2.07(2.19) 1,1,1,2,5
2	1.25	2.16(2.25) 1,1,1,2,6	2.29(2.27) 1,1,2,3,6	2.09(1.75) 1,1,1,3,5	2.13(1.88) 1,1,1,3,6	1.99(1.62) 1,1,1,2,5	2.00(1.72) 1,1,1,2,5	2.13(1.95) 1,1,1,3,6
2	1.5	2.19(2.08) 1,1,1,3,6	2.21(2.06) 1,1,2,3,6	2.18(1.79) 1,1,2,3,6	2.17(1.84) 1,1,2,3,6	2.15(1.74) 1,1,2,3,5	2.06(1.69) 1,1,1,2,5	2.15(1.85) 1,1,2,3,6
2	2	2.16(1.83) 1,1,2,3,6	2.00(1.60) 1,1,1,2,5	2.22(1.80) 1,1,2,3,6	2.14(1.77) 1,1,2,3,5	2.35(1.92) 1,1,2,3,6	2.12(1.67) 1,1,2,3,5	2.08(1.68) 1,1,1,3,5

表 5.7 控制图的性能比较，基于 $Cauchy(\theta,\delta)$ 分布 ($m=100$, $n=5$, $ARL_0=500$)

θ	δ	LPGA控制图	LPlog控制图	LPLT控制图	LPA控制图	SL控制图	SC控制图	MLPA控制图
0	1	513.74(756.02) 15,93,250,599,1922	499.64(783.31) 13,79,220,559,1963	506.50(725.46) 17,95,258,607,1843	503.99(718.57) 16,92,254,600,1881	499.34(665.02) 17,104,273,617,1750	490.63(695.57) 16,94,247,582,1755	502.01(712.87) 16,93,253,604,1856
0	1.25	236.68(377.17) 8,43,116,274,841	228.54(392.99) 6,37,102,253,858	218.12(330.23) 7,42,110,259,787	216.61(325.97) 8,42,112,260,751	235.29(323.43) 9,51,130,293,800	220.74(337.41) 7,42,111,260,791	218.75(330.84) 8,43,113,259,776
0	1.5	125.36(198.17) 5,24,63,147,446	124.36(218.89) 4,21,56,139,453	111.08(168.15) 4,23,59,135,385	114.81(179.45) 4,23,60,137,405	132.53(182.93) 5,29,74,164,449	116.37(176.60) 4,23,60,139,407	112.07(172.10) 4,23,59,134,386
0	2	49.77(80.43) 2,10,26,59,172	49.23(89.84) 2,9,23,55,172	43.29(61.79) 2,9,24,52,148	43.39(64.02) 2,9,24,52,148	55.73(70.76) 3,14,33,71,183	45.68(64.90) 2,10,25,56,156	43.02(59.00) 2,10,24,53,149
0.5	1	460.72(719.07) 11,73,208,525,1793	428.66(723.24) 10,60,176,467,1710	392.95(634.36) 10,60,172,446,1507	393.42(633.48) 10,61,172,449,1505	378.19(592.90) 10,61,172,438,1445	398.26(644.14) 10,61,176,449,1547	392.22(621.28) 10,61,175,447,1528
0.5	1.25	216.65(362.90) 6,35,99,246,805	199.54(363.77) 5,31,85,219,762	178.51(295.74) 5,31,84,205,657	178.33(299.66) 6,31,83,201,660	185.54(288.63) 6,33,89,219,674	184.02(305.26) 6,31,85,211,676	178.24(302.04) 5,30,83,203,657
0.5	1.5	117.01(202.49) 4,20,55,133,425	112.64(212.53) 3,18,49,122,418	94.95(158.84) 3,18,47,110,345	95.29(156.09) 3,18,47,111,341	105.17(151.89) 4,21,56,128,368	100.76(161.23) 3,19,50,118,366	94.28(151.88) 3,18,47,111,331
0.5	2	46.69(74.17) 2,9,24,54,165	45.63(75.70) 2,8,21,52,168	38.33(56.55) 2,8,20,46,134	38.64(56.37) 2,8,21,47,135	48.01(63.20) 2,11,27,60,163	41.43(60.24) 2,9,22,50,144	38.54(59.28) 2,8,20,47,134
1	1	349.14(648.57) 6,38,122,359,1470	282.30(560.25) 5,31,97,281,1163	206.94(441.28) 4,22,67,198,843	208.01(456.06) 4,22,67,193,862	177.85(393.05) 3,19,57,164,730	225.79(468.44) 4,23,73,217,967	204.63(441.88) 4,22,67,192,826
1	1.25	166.00(336.45) 4,20,62,170,645	147.82(314.90) 3,18,54,147,570	104.48(228.02) 3,14,39,104,397	104.96(226.27) 3,14,39,106,405	98.09(200.88) 3,13,38,100,383	113.96(228.04) 3,15,44,117,450	105.35(220.71) 3,14,40,107,403
1	1.5	91.38(179.40) 2,13,37,98,348	84.65(177.55) 2,12,34,88,318	61.11(119.63) 2,10,27,66,227	62.90(122.65) 2,10,27,66,234	62.11(114.09) 2,10,28,69,230	67.49(138.46) 2,10,29,73,250	60.93(123.02) 2,10,26,65,228
1	2	38.85(66.70) 2,7,18,44,142	36.63(65.88) 1,6,17,40,134	28.79(47.18) 1,6,14,33,102	28.89(45.97) 1,6,14,33,104	33.80(53.22) 2,7,17,40,117	31.29(51.38) 1,6,16,36,111	28.34(45.09) 1,6,14,33,101
2	1	120.14(379.52) 1,5,19,74,511	91.36(288.17) 1,6,20,68,377	36.31(149.44) 1,3,8,24,135	34.99(134.48) 1,3,8,24,132	25.45(103.94) 1,3,6,17,91	48.19(202.15) 1,3,9,29,177	36.15(143.84) 1,3,8,23,133
2	1.25	65.41(220.00) 1,4,14,45,266	54.05(158.48) 1,5,15,44,211	23.27(67.55) 1,3,7,19,88	23.97(75.81) 1,3,7,19,89	18.23(59.92) 1,3,6,15,65	28.55(99.41) 1,3,8,22,106	24.23(78.78) 1,3,7,19,92
2	1.5	39.26(106.11) 1,4,11,32,161	35.89(96.78) 1,4,12,32,137	17.89(53.25) 1,3,7,16,64	18.08(54.70) 1,3,7,16,64	14.91(44.33) 1,3,6,14,52	20.54(55.12) 1,3,7,18,77	17.98(47.90) 1,3,7,16,65
2	2	19.93(45.02) 1,3,8,19,76	19.96(51.55) 1,3,8,20,73	11.83(23.97) 1,2,6,13,41	11.72(26.64) 1,2,6,13,41	11.76(21.94) 1,3,6,13,39	13.07(26.74) 1,3,6,13,47	11.62(23.85) 1,2,6,12,40

表 5.8　控制图的性能比较，基于$SE(\theta,\delta)$分布(m=100，n=5，ARL_0=500)

θ	δ	LPGA控制图	LPlog控制图	LPLT控制图	LPA控制图	SL控制图	SC控制图	MLPA控制图
0	1	515.58(758.92) 15,92,252,612,1987	498.59(780.86) 13,79,223,554,1968	501.25(719.28) 16,94,250,597,1854	493.46(744.69) 14,85,234,570,1871	505.30(672.10) 18,105,277,627,1782	500.98(720.25) 16,92,250,601,1832	489.83(750.98) 14,79,219,545,1859
0	1.25	181.49(292.49) 6,34,90,211,642	163.79(280.27) 5,29,76,184,591	184.51(271.97) 7,38,98,222,650	169.74(277.48) 6,31,83,197,612	197.20(284.07) 7,40,105,240,685	179.05(285.80) 6,35,91,208,620	161.78(275.95) 5,28,78,184,579
0	1.5	61.80(95.01) 3,13,32,73,215	54.82(88.41) 2,11,28,65,191	66.86(92.31) 3,15,37,82,227	57.92(83.50) 2,12,31,70,202	67.94(92.89) 3,15,38,85,230	61.80(92.65) 3,13,34,75,212	54.61(83.62) 2,11,28,65,191
0	2	14.35(17.60) 1,4,9,18,46	12.51(15.51) 1,3,8,16,40	17.07(20.44) 1,5,11,22,55	14.38(17.60) 1,4,9,19,46	16.82(19.56) 1,5,11,22,54	14.90(17.18) 1,4,9,19,47	13.16(16.16) 1,3,8,17,42
0.5	1	310.98(619.68) 6,36,109,300,1257	333.46(673.50) 6,37,109,314,1398	258.66(509.40) 6,34,99,261,1015	289.69(592.09) 6,34,101,276,1166	163.11(301.92) 4,25,70,179,606	229.79(462.08) 5,30,86,230,896	295.08(603.71) 5,34,102,279,1211
0.5	1.25	61.49(120.04) 2,10,28,67,224	58.54(116.20) 2,9,25,62,214	55.10(92.64) 2,10,27,64,196	54.83(104.70) 2,10,25,60,198	43.86(72.89) 2,8,22,51,155	48.66(82.17) 2,9,23,55,177	54.81(110.65) 2,9,25,60,196
0.5	1.5	21.26(32.69) 1,5,11,25,73	19.68(30.75) 1,4,10,23,67	21.50(30.67) 1,5,12,26,73	19.87(30.38) 1,4,11,24,68	17.98(24.98) 1,4,10,22,60	18.51(25.89) 1,4,10,23,62	19.16(29.21) 1,4,10,23,66
0.5	2	6.69(7.70) 1,2,4,8,21	5.87(6.73) 1,2,4,7,18	7.22(8.50) 1,2,5,9,23	6.32(7.26) 1,2,4,8,19	6.40(7.09) 1,2,4,8,20	6.18(7.04) 1,2,4,8,19	5.98(6.97) 1,2,4,7,18
1	1	44.97(125.01) 1,6,16,42,169	37.36(99.67) 1,5,13,34,141	22.87(52.73) 1,3,9,22,84	33.13(107.58) 1,4,11,30,120	16.58(41.29) 1,3,7,17,60	23.02(69.17) 1,3,9,22,84	32.32(97.81) 1,4,11,30,121
1	1.25	13.24(23.08) 1,3,6,14,47	10.49(19.06) 1,2,5,12,36	8.17(13.79) 1,2,4,9,28	10.05(17.84) 1,2,5,11,35	6.66(10.54) 1,2,3,7,23	7.95(12.71) 1,2,4,9,27	9.43(17.14) 1,2,5,10,33
1	1.5	6.45(8.93) 1,2,4,8,21	5.09(7.30) 1,1,3,6,16	4.49(5.81) 1,1,3,5,14	5.01(6.97) 1,1,3,6,16	3.79(4.82) 1,1,2,4,12	4.33(5.46) 1,1,3,5,14	4.73(6.20) 1,1,3,6,15
1	2	2.96(3.00) 1,1,2,4,8	2.42(2.34) 1,1,2,3,7	2.40(2.31) 1,1,2,3,7	2.52(2.50) 1,1,2,3,7	2.14(1.94) 1,1,1,3,6	2.30(2.19) 1,1,2,3,6	2.34(2.20) 1,1,2,3,6
2	1	1.45(2.08) 1,1,1,1,3	1.51(1.75) 1,1,1,1,4	1.11(0.58) 1,1,1,1,2	1.34(1.44) 1,1,1,1,3	1.06(0.36) 1,1,1,1,1	1.13(0.69) 1,1,1,1,2	1.40(1.67) 1,1,1,1,3
2	1.25	1.20(0.87) 1,1,1,1,2	1.23(0.80) 1,1,1,1,2	1.05(0.32) 1,1,1,1,1	1.17(0.71) 1,1,1,1,2	1.03(0.23) 1,1,1,1,1	1.07(0.40) 1,1,1,1,1	1.18(0.69) 1,1,1,1,2
2	1.5	1.12(0.57) 1,1,1,1,2	1.13(0.50) 1,1,1,1,2	1.03(0.20) 1,1,1,1,1	1.09(0.45) 1,1,1,1,2	1.02(0.16) 1,1,1,1,1	1.04(0.24) 1,1,1,1,1	1.10(0.43) 1,1,1,1,2
2	2	1.05(0.28) 1,1,1,1,1	1.05(0.25) 1,1,1,1,1	1.01(0.12) 1,1,1,1,1	1.04(0.24) 1,1,1,1,1	1.01(0.09) 1,1,1,1,1	1.01(0.15) 1,1,1,1,1	1.04(0.22) 1,1,1,1,1

表 5.9 控制图的性能比较，基于 $Gumbel(\theta,\delta)$ 分布 ($m=100$, $n=5$, $ARL_0=500$)

θ	δ	LPGA控制图	LPlog控制图	LPLT控制图	LPA控制图	SL控制图	SC控制图	MLPA控制图
0	1	509.15(744.60) 15,91,246,598,1928	497.81(776.34) 13,79,221,565,1937	504.43(719.89) 17,97,256,598,1851	503.57(758.10) 14,88,239,584,1901	497.70(661.64) 18,104,271,618,1737	494.08(705.81) 16,93,250,588,1825	487.10(742.59) 13,79,217,545,1830
0	1.25	84.72(109.66) 4,19,49,107,284	60.29(88.07) 3,13,33,73,210	85.37(111.92) 4,20,49,107,284	71.48(99.35) 3,16,40,89,246	117.15(145.15) 5,28,70,151,385	87.89(115.28) 4,20,51,111,294	61.94(89.34) 3,13,34,75,213
0	1.5	28.64(33.73) 2,7,18,37,91	17.71(21.69) 1,5,11,23,57	28.46(33.43) 2,7,18,37,91	22.61(28.49) 1,6,14,29,74	44.54(50.55) 2,11,28,59,143	29.73(35.05) 2,8,18,39,95	18.48(22.56) 1,5,11,23,60
0	2	8.40(8.56) 1,3,6,11,25	4.91(4.76) 1,2,3,6,14	8.12(8.31) 1,3,5,11,24	6.53(7.12) 1,2,4,8,20	13.95(14.79) 1,4,9,19,43	8.66(8.89) 1,3,6,12,26	5.20(5.35) 1,2,3,7,16
0.5	1	333.52(638.69) 7,42,123,332,1343	373.11(705.68) 7,45,132,369,1549	293.97(530.30) 7,43,121,311,1129	332.17(640.78) 7,42,121,329,1341	223.65(406.11) 6,35,96,244,842	269.80(508.70) 7,37,106,277,1052	348.04(662.04) 7,44,126,343,1407
0.5	1.25	70.29(119.58) 3,13,34,80,248	65.10(111.82) 2,12,31,74,233	70.55(111.00) 3,14,37,84,247	65.66(112.50) 2,12,32,75,235	66.94(100.95) 3,14,36,80,231	64.34(103.82) 3,13,33,75,223	63.19(111.17) 2,12,31,71,225
0.5	1.5	25.54(34.21) 1,6,15,31,85	20.16(26.78) 1,5,12,25,67	26.19(32.55) 2,7,16,33,86	22.54(29.81) 1,5,13,28,75	29.44(37.58) 2,7,18,38,96	24.99(32.99) 1,6,15,31,82	20.35(27.42) 1,5,12,25,68
0.5	2	7.97(8.75) 1,2,5,10,24	5.34(5.54) 1,2,4,7,16	8.08(8.57) 1,2,5,11,24	6.62(7.19) 1,2,4,8,20	10.90(11.48) 1,3,7,14,33	8.03(8.39) 1,2,5,11,24	5.53(5.83) 1,2,4,7,16
1	1	63.04(153.25) 2,9,24,61,235	64.91(166.71) 2,9,23,61,243	45.58(95.34) 2,8,20,49,163	58.31(142.00) 2,8,22,57,210	34.94(68.54) 1,6,16,38,126	42.64(88.63) 2,7,19,45,155	61.11(162.40) 2,8,23,58,217
1	1.25	21.34(35.20) 1,4,11,25,74	21.46(36.22) 1,4,11,24,74	20.53(30.07) 1,5,11,25,68	20.49(32.12) 1,4,11,24,70	17.15(24.68) 1,4,10,21,57	18.48(27.13) 1,4,10,22,62	20.53(33.60) 1,4,10,24,71
1	1.5	11.45(15.30) 1,3,7,14,37	10.58(13.89) 1,3,6,13,35	12.05(14.88) 1,3,7,15,39	10.95(14.05) 1,3,6,14,35	11.11(13.21) 1,3,7,14,35	10.75(13.02) 1,3,7,14,34	10.52(13.68) 1,3,6,13,34
1	2	5.41(5.65) 1,2,4,7,16	4.35(4.43) 1,1,3,6,13	5.89(6.00) 1,2,4,8,17	4.92(5.05) 1,2,3,6,15	6.50(6.80) 1,2,4,8,19	5.47(5.61) 1,2,4,7,16	4.49(4.60) 1,2,3,6,13
2	1	3.33(5.69) 1,1,2,4,10	3.14(4.60) 1,1,2,3,10	2.34(2.65) 1,1,1,3,7	3.01(4.75) 1,1,2,3,9	2.06(2.09) 1,1,1,2,5	2.33(2.69) 1,1,1,3,6	3.01(4.07) 1,1,2,3,9
2	1.25	2.73(3.04) 1,1,2,3,8	2.56(2.71) 1,1,2,3,7	2.33(2.17) 1,1,2,3,6	2.52(2.58) 1,1,2,3,7	2.13(1.87) 1,1,1,3,6	2.25(2.18) 1,1,2,3,6	2.52(2.68) 1,1,2,3,7
2	1.5	2.45(2.28) 1,1,2,3,7	2.33(2.19) 1,1,2,3,6	2.40(2.09) 1,1,2,3,6	2.36(2.18) 1,1,2,3,6	2.22(1.88) 1,1,2,3,6	2.24(1.96) 1,1,2,3,6	2.29(2.06) 1,1,2,3,6
2	2	2.18(1.73) 1,1,2,3,6	2.03(1.60) 1,1,1,2,5	2.38(1.95) 1,1,2,3,6	2.13(1.71) 1,1,2,3,5	2.28(1.83) 1,1,2,3,6	2.14(1.68) 1,1,2,3,5	2.04(1.61) 1,1,1,2,5

由表5.4至表5.9可得以下结论。

① 当过程分布是均匀分布时，LPlog和MLPA控制图的整体性能最优。实际上，LPlog和MLPA控制图的性能表现非常相似。除了这两个控制图以外，LPGA和LPA控制图的性能优于其他控制图。由于均匀分布的尾部权重值很小，在渐近理论下LPGA控制图的性能表现应该最优。这种现象很可能是由于样本的有限。Büning和Thadewald（2000）也发现了类似的情况。因此，本章提出了具有有限样本修正的MLPA控制图，只使用LPlog和LPLT统计量。实际上，MLPA控制图可以看作是一种具有有限样本修正的自适应Lepage型控制图。

② 当过程分布为正态分布时，若漂移主要来自尺度参数，LPlog和MLPA控制图的性能表现远优于其他控制图。这个结果与渐近理论相符，由于正态分布的尾部权重值为1.59，LPlog检验应有较高的功效。当位置参数发生中小漂移而尺度参数可控时，SL控制图表现最优。

③ 对于Laplace分布，当漂移主要在尺度参数时，LPlog控制图性能最优，MLPA控制图的性能表现仅次于LPlog控制图。当位置参数发生漂移而尺度参数不变时，SL控制图具有最小的ARL_1值。当过程位置参数发生中等或较大漂移并且尺度参数有较小漂移时，SL控制图的性能也优于其他控制图。然而，当尺度参数漂移量增加时，LPlog控制图和MLPA控制图能够更快检测位置参数的小漂移，而对较大的位置参数漂移，所有控制图的ARL_1值几乎相同。由于Laplace分布的尾部权重为1.91，略高于1.8。理想情况下，LPLT控制图应该提供更好的性能。但是，得到了不同结果。这可能又是一种有限样本现象。

④ 当过程分布是柯西分布时，其尾部权重为3.22，比1.8大得多。正如预期的那样，当漂移主要是在尺度参数时，针对重尾分布的LPLT控制图给出了最佳的性能，而LPA和MLPA控制图的性能与LPLT控制图非常相似。当尺度参数没有变化时，SL控制图在检测位置参数的变化表现最优。同样，对于中等或较大的位置参数漂移，并伴随着一些较小的尺度参数漂移，SL控制图比其他控制图表现更好。然而，对于位置参数发生较小漂移并且尺度参数发生中等或较大漂移，LPLT、LPA和MLPA控制图表现最好。

⑤ 对于Gumbel分布和双参数指数分布，当漂移主要来自尺度参数时，LPlog和MLPA控制图的性能或多或少优于其他控制图。当漂移主要在位置参数时，

SL控制图的性能最好。值得注意的是对于偏态分布，所提出的控制图的优越性并不明显。这并不奇怪，因为本章的重点主要是研究对称分布的情况。

总之，表5.4至表5.9列出的结果非常清楚地表明。在所考虑的所有控制图中，MLPA控制图性能始终是最优的，或者性能接近最优，特别是当过程分布是对称的且漂移主要来自于尺度参数。此外，考虑更大的样本容量m和n，例如$m = 500$和1000以及$n = 11$和25，模拟结果与$m = 100$，$n = 5$非常相似，并且这些控制图的失控性能随着参考样本或检验样本容量的增加而提高。例如，为了方便比较，图5.1中给出MLPA控制图在$(m, n) = (100, 5)$和$(m, n) = (100, 11)$的ARL曲线。图5.1左侧一列给出只有位置参数漂移的情况，中间一列显示只有尺度参数漂移的情形，而右侧一列是位置参数和尺度参数均发生漂移。从图5.1可以看出，对于$m = 100$，ARL_1值随着检验样本容量n从5增加到11而减小。

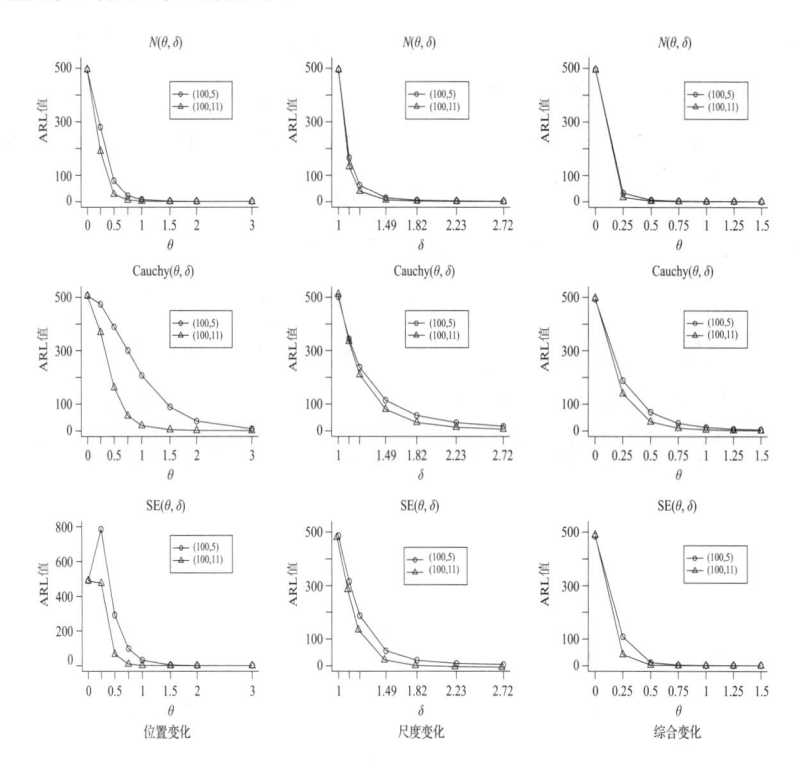

图 5.1　MLPA控制图在$(m, n) = (100, 5)$和$(m, n) = (100, 11)$时的ARL值比较

上述控制图的设计重点是优化其同时监控位置参数和尺度参数变化的性能。然而，还可能出现的一种情况是位置参数和尺度参数可控，但形状参数在不断变化。考虑经典模型$G(x) = \left[F\left(\dfrac{x - \theta}{\delta}\right)\right]^\vartheta$，其中$\vartheta$表示形状参数。当过程可控时，$\theta = 0$、

$\delta = 1$和$\vartheta = 1$。为了研究控制图在位置参数、尺度参数和形状参数变化时的性能表现，考虑位置参数θ为0和1，以及尺度参数δ为1和2。此外，考虑形状参数ϑ为0.5、1和5，即共考虑了12组θ、δ和ϑ值的漂移情况用于性能分析。为了简洁起见，表5.10至表5.12只列出了$m = 100$、$n = 5$和ARL_0=500的模拟结果。在这里仅限于三个过程分布，即偏正态分布（简记为$N(\theta, \delta, \vartheta)$），偏柯西分布（简记为$\text{Cauchy}(\theta, \delta, \vartheta)$）和三参数指数分布（简记为$SE(\theta, \delta, \vartheta)$）。从表5.10至表5.12可以看出，本章所提出的联合监控位置参数和尺度参数的控制图也可以用来检测形状参数的变化。当$\vartheta = 1$时，$G(x)$归结为经典的位置－尺度模型。因此，对应于$\vartheta = 1$的结果与表5.4至表5.9中的结果相同。对于偏正态分布，当$\vartheta = 0.5$时，LPlog和MLPA控制图的性能最好。当$\vartheta = 5$且存在位置参数或尺度参数漂移时，所有控制图的表现类似。然而，若位置参数和尺度参数保持不变，而形状参数ϑ向上漂移到5，则SL控制图的性能最好。对于偏柯西分布，当$\vartheta = 0.5$时，LPlog控制图的性能优于其他控制图，LPGA控制图的性能表现仅次于LPlog控制图。当$\vartheta = 5$时，SL控制图是最佳选择。对于三参数指数分布，当$\vartheta = 0.5$时，若位置参数保持不变，LPlog和MLPA控制图优于其他所有控制图，否则，SL控制图是最好的。此外，当ϑ向上漂移到5，但位置参数和尺度参数保持不变时，SL控制图也是最好的。最后，如果形状参数ϑ向上漂移并伴随着位置参数或尺度参数的变化，所有控制图的性能几乎一样好。

表 5.10 控制图的性能比较，基于 $N(\theta,\delta,\vartheta)$ ($m=100, n=5$, $ARL_0=500$)

ϑ	θ	δ	LPGA控制图	LPlog控制图	LPLT控制图	LPA控制图	SL控制图	SC控制图	MLPA控制图
0.5	0	1	14.24(17.18) 1,4,9,18,46	12.54(15.52) 1,3,8,16,40	17.37(20.81) 1,5,11,22,56	13.83(17.23) 1,4,8,17,45	16.72(19.38) 1,5,10,22,53	14.94(17.59) 1,4,9,19,48	12.72(15.67) 1,3,8,16,41
0.5	0	2	2.22(1.67) 1,1,2,3,6	1.75(1.18) 1,1,1,2,4	2.48(1.97) 1,1,2,3,6	1.99(1.49) 1,1,1,2,5	3.16(2.68) 1,1,2,4,8	2.44(1.93) 1,1,2,3,6	1.76(1.20) 1,1,1,2,4
0.5	1	1	46.02(61.03) 2,11,26,57,156	35.24(49.03) 2,8,19,43,120	47.23(62.29) 2,11,27,59,156	41.14(56.43) 2,9,23,51,140	58.15(75.90) 3,14,34,74,193	46.51(61.80) 2,11,27,58,155	35.31(50.68) 2,8,19,43,121
0.5	1	2	3.57(3.12) 1,1,3,5,10	2.22(1.72) 1,1,2,3,6	3.51(3.10) 1,1,3,5,10	2.89(2.57) 1,1,2,4,8	5.80(5.47) 1,2,4,8,17	3.70(3.27) 1,1,3,5,10	2.25(1.78) 1,1,2,3,6
1	0	1	507.01(729.25) 15,93,250,611,1843	497.45(775.22) 13,79,225,560,1925	497.91(715.33) 15,92,249,595,1830	515.50(777.89) 14,86,241,600,1948	496.73(656.78) 17,101,271,622,1743	495.56(703.21) 16,94,249,591,1854	497.75(787.13) 13,79,220,550,1967
1	0	2	6.92(6.91) 1,2,5,9,20	3.98(3.75) 1,1,3,5,11	6.69(6.66) 1,2,5,9,20	5.40(5.55) 1,2,4,7,16	11.69(11.86) 1,3,8,16,35	7.14(7.05) 1,2,5,9,21	4.07(3.88) 1,1,3,5,12
1	1	1	8.50(10.96) 1,2,5,10,28	8.18(11.39) 1,2,5,10,27	8.60(10.29) 1,2,5,11,27	8.39(11.19) 1,2,5,10,27	7.72(9.40) 1,2,5,10,24	7.73(9.42) 1,2,5,10,24	7.88(10.02) 1,2,5,10,25
1	1	2	3.42(3.02) 1,1,2,4,9	2.57(2.11) 1,1,2,3,7	3.87(3.49) 1,1,3,5,11	3.02(2.70) 1,1,2,4,8	4.95(4.61) 1,2,3,7,14	3.78(3.44) 1,1,3,5,11	2.61(2.14) 1,1,2,3,7
5	0	1	8.99(18.63) 1,2,4,10,31	8.50(16.18) 1,2,4,9,29	5.91(9.55) 1,2,3,7,19	8.64(17.25) 1,2,4,9,30	4.86(6.60) 1,1,3,6,15	5.85(9.51) 1,2,3,7,19	8.26(15.56) 1,2,4,9,29
5	0	2	1.17(0.46) 1,1,1,1,2	1.13(0.39) 1,1,1,1,2	1.24(0.56) 1,1,1,1,2	1.16(0.45) 1,1,1,1,2	1.22(0.52) 1,1,1,1,2	1.18(0.47) 1,1,1,1,2	1.13(0.39) 1,1,1,1,2
5	1	1	1.02(0.15) 1,1,1,1,1	1.02(0.13) 1,1,1,1,1	1.01(0.10) 1,1,1,1,1	1.02(0.13) 1,1,1,1,1	1.01(0.08) 1,1,1,1,1	1.01(0.09) 1,1,1,1,1	1.01(0.13) 1,1,1,1,1
5	1	2	1.00(0.06) 1,1,1,1,1	1.00(0.04) 1,1,1,1,1	1.01(0.08) 1,1,1,1,1	1.00(0.06) 1,1,1,1,1	1.01(0.08) 1,1,1,1,1	1.00(0.07) 1,1,1,1,1	1.00(0.04) 1,1,1,1,1

表 5.11 控制图的性能比较，基于 $Cauchy(\theta,\delta,\vartheta)$ ($m=100, n=5$, $ARL_0=500$)

ϑ	θ	δ	LPGA控制图	LPlog控制图	LPLT控制图	LPA控制图	SL控制图	SC控制图	MLPA控制图
0.5	0	1	14.23(17.19) 1,4,9,18,46	12.63(15.69) 1,3,8,16,41	16.84(19.89) 1,5,11,22,53	17.11(20.13) 1,5,11,22,55	16.76(20.11) 1,4,10,22,53	14.96(17.65) 1,4,9,19,48	17.31(20.72) 1,5,11,22,54
0.5	0	2	5.05(5.29) 1,2,3,6,15	4.63(4.94) 1,2,3,6,14	5.49(5.55) 1,2,4,7,16	5.44(5.57) 1,2,4,7,16	6.05(6.10) 1,2,4,8,18	5.21(5.35) 1,2,4,7,15	5.44(5.61) 1,2,4,7,16
0.5	1	1	20.09(23.52) 1,5,13,26,64	18.90(23.33) 1,5,11,24,61	28.22(32.77) 2,7,18,37,90	28.14(32.76) 2,7,18,37,89	31.11(34.59) 2,9,20,42,97	25.19(29.05) 2,7,16,33,80	28.08(32.40) 2,8,18,37,89
0.5	1	2	6.36(6.70) 1,2,4,8,19	5.75(6.39) 1,2,4,7,17	7.25(7.51) 1,2,5,10,22	7.32(7.70) 1,2,5,10,22	9.25(9.76) 1,3,6,12,28	7.04(7.30) 1,2,5,9,21	7.24(7.59) 1,2,5,9,22
1	0	1	513.74(756.02) 15,93,250,599,1922	499.64(783.31) 13,79,220,559,1963	506.50(725.46) 17,95,258,607,1843	503.99(718.57) 16,92,254,600,1881	499.34(665.02) 17,104,273,617,1750	490.63(695.57) 16,94,247,582,1755	502.01(712.87) 16,93,253,604,1856
1	0	2	49.77(80.43) 2,10,26,59,172	49.23(89.84) 2,9,23,55,172	43.29(61.79) 2,9,24,52,148	43.39(64.02) 2,9,24,52,148	55.73(70.76) 3,14,33,71,183	45.68(64.90) 2,10,25,56,156	43.02(59.00) 2,10,24,53,149
1	1	1	349.14(648.57) 6,38,122,359,1470	282.30(560.25) 5,31,97,281,1163	206.94(441.28) 4,22,67,198,843	208.01(456.06) 4,22,67,193,862	177.85(393.05) 3,19,57,164,730	225.79(468.44) 4,23,73,217,967	204.63(441.88) 4,22,67,192,826
1	1	2	38.85(66.70) 2,7,18,44,142	36.63(65.88) 1,6,17,40,134	28.79(47.18) 1,6,14,33,102	28.89(45.97) 1,6,14,33,104	33.80(53.22) 2,7,17,40,117	31.29(51.38) 1,6,16,36,111	28.34(45.09) 1,6,14,33,101
5	0	1	9.03(24.44) 1,2,4,9,30	8.58(17.60) 1,2,4,9,29	5.95(9.67) 1,2,3,7,20	5.97(8.99) 1,2,3,7,20	4.83(6.50) 1,1,3,6,15	5.76(8.78) 1,1,3,7,19	5.94(9.03) 1,2,3,7,19
5	0	2	2.09(2.19) 1,1,1,2,6	2.11(2.47) 1,1,1,2,6	1.80(1.50) 1,1,1,2,4	1.81(1.46) 1,1,1,2,4	1.65(1.23) 1,1,1,2,4	1.75(1.42) 1,1,1,2,4	1.81(1.49) 1,1,1,2,4
5	1	1	3.70(8.45) 1,1,2,4,12	3.43(6.32) 1,1,2,3,11	1.97(2.66) 1,1,1,2,5	1.97(2.69) 1,1,1,2,5	1.69(1.91) 1,1,1,2,4	2.12(3.30) 1,1,1,2,6	1.97(2.70) 1,1,1,2,5
5	1	2	1.41(1.20) 1,1,1,1,3	1.44(1.36) 1,1,1,1,3	1.21(0.67) 1,1,1,1,2	1.21(0.62) 1,1,1,1,2	1.15(0.49) 1,1,1,1,2	1.22(0.69) 1,1,1,1,2	1.21(0.62) 1,1,1,1,2

表 5.12 控制图的性能比较，基于$SE(\theta,\delta,\vartheta)$($m$=**100**,$n$=**5**，$ARL_0$=**500**)

			$SE(\theta,\delta)$						
ϑ	θ	δ	LPGA控制图	LPlog控制图	LPLT控制图	LPA控制图	SL控制图	SC控制图	MLPA控制图
0.5	0	1	14.03(16.73) 1,4,9,18,44	12.53(15.16) 1,3,8,16,40	17.19(20.05) 1,5,11,22,55	14.44(17.42) 1,4,9,18,47	16.86(19.74) 1,5,11,22,54	15.07(17.91) 1,4,9,19,48	13.44(16.74) 1,3,8,17,43
0.5	0	2	21.64(25.03) 1,6,14,28,69	13.26(15.73) 1,4,8,17,42	21.19(24.74) 1,6,13,28,66	17.66(21.29) 1,5,11,23,57	33.67(38.10) 2,9,22,45,105	22.11(24.98) 1,6,14,29,71	14.55(17.70) 1,4,9,19,47
0.5	1	1	485.57(879.37) 8,51,162,479,2215	398.81(798.44) 6,37,120,366,1786	303.49(629.32) 5,29,94,282,1293	368.02(730.78) 6,36,113,347,1617	201.61(439.15) 4,21,66,190,811	287.05(615.56) 5,28,88,257,1228	363.70(745.97) 5,33,106,326,1617
0.5	1	2	16.68(23.41) 1,4,9,20,56	12.06(17.53) 1,3,7,15,40	14.30(19.65) 1,3,8,18,49	13.49(19.30) 1,3,7,16,45	12.06(17.16) 1,3,7,15,40	12.48(17.22) 1,3,7,15,42	12.00(17.11) 1,3,7,14,41
1	0	1	515.58(758.92) 15,92,252,612,1987	498.59(780.86) 13,79,223,554,1968	501.25(719.28) 16,94,250,597,1854	493.46(744.69) 14,85,234,570,1871	505.30(672.10) 18,105,277,627,1782	500.98(720.25) 16,92,250,601,1832	489.83(750.98) 14,79,219,545,1859
1	0	2	14.35(17.60) 1,4,9,18,46	12.51(15.51) 1,3,8,16,40	17.07(20.44) 1,5,11,22,55	14.38(17.60) 1,4,9,19,46	16.82(19.56) 1,5,11,22,54	14.90(17.18) 1,4,9,19,47	13.16(16.16) 1,3,8,17,42
1	1	1	44.97(125.01) 1,6,16,42,169	37.36(99.67) 1,5,13,34,141	22.87(52.73) 1,3,9,22,84	33.13(107.58) 1,4,11,30,120	16.58(41.29) 1,3,7,17,60	23.02(69.17) 1,3,9,22,84	32.32(97.81) 1,4,11,30,121
1	1	2	2.96(3.00) 1,1,2,4,8	2.42(2.34) 1,1,2,3,7	2.40(2.31) 1,1,2,3,7	2.52(2.50) 1,1,2,3,7	2.14(1.94) 1,1,1,3,6	2.30(2.19) 1,1,2,3,6	2.34(2.20) 1,1,2,3,6
5	0	1	8.86(16.93) 1,2,4,10,30	8.56(15.82) 1,2,4,9,30	6.02(9.40) 1,2,3,7,20	7.57(13.82) 1,2,4,8,26	4.87(6.60) 1,1,3,6,16	5.84(8.96) 1,2,3,7,19	7.70(18.07) 1,2,4,8,26
5	0	2	1.07(0.29) 1,1,1,1,2	1.05(0.23) 1,1,1,1,1	1.05(0.25) 1,1,1,1,1	1.06(0.25) 1,1,1,1,2	1.05(0.23) 1,1,1,1,1	1.04(0.22) 1,1,1,1,1	1.05(0.23) 1,1,1,1,1
5	1	1	1.21(0.80) 1,1,1,1,2	1.21(0.74) 1,1,1,1,2	1.07(0.31) 1,1,1,1,2	1.16(0.65) 1,1,1,1,2	1.04(0.25) 1,1,1,1,1	1.08(0.37) 1,1,1,1,2	1.17(0.61) 1,1,1,1,2
5	1	2	1.00(0.03) 1,1,1,1,1	1.00(0.02) 1,1,1,1,1	1.00(0.01) 1,1,1,1,1	1.00(0.02) 1,1,1,1,1	1.00(0.01) 1,1,1,1,1	1.00(0.01) 1,1,1,1,1	1.00(0.02) 1,1,1,1,1

表 5.13 对活塞环数据检测的控制图的检验统计量

序号	LPGA $H = 14.49$	LPlog,LPA,MLPA $H = 13.50$	LPLT $H = 11.05$	SL $H = 11.40$	SC $H = 6.15$
1	7.318	6.735	4.736	3.901	2.688
2	0.645	0.120	0.127	0.182	0.112
3	3.721	3.779	3.408	3.776	1.925
4	0.439	1.011	1.438	0.612	0.388
5	1.211	1.787	2.226	3.853	1.150
6	3.594	2.010	1.092	1.733	0.943
7	1.194	1.328	1.332	1.370	0.691
8	1.529	2.270	2.801	3.011	1.332
9	9.873	6.551	3.916	4.451	2.829
10	7.138	7.190	4.784	5.309	2.941
11	1.251	0.773	0.373	0.334	0.262
12	21.932	18.003	13.575	14.639	8.333
13	23.769	25.919	17.114	18.188	10.153
14	33.156	30.209	20.673	21.741	12.593
15	6.865	6.812	4.778	5.225	2.912

表 5.14 对注塑工艺制造零部件的抗压强度数据检测的控制图的检验统计量

序号	LPGA, LPA $H = 13.821$	LPlog, MLPA $H = 12.96$	LPLT $H = 10.85$	SL $H = 11.25$	SC $H = 5.981$
1	1.302	0.024	0.184	0.024	0.038
2	5.987	5.187	4.240	2.962	2.128
3	1.226	1.119	1.089	1.098	0.611
4	16.342	13.158	9.105	10.845	5.879
5	5.537	8.986	4.913	3.008	2.524
6	13.861	12.448	11.105	9.202	5.845
7	10.542	15.537	8.444	6.838	4.518
8	6.377	5.150	5.518	5.295	2.939
9	1.401	4.731	6.123	4.755	2.321
10	3.635	1.765	0.605	0.821	0.451
11	14.631	14.500	10.700	9.166	5.797
12	3.286	1.491	0.777	0.993	0.687
13	0.703	2.424	0.805	0.555	0.401
14	5.034	7.331	4.489	5.350	2.691
15	5.480	7.745	7.341	6.999	3.556

5.4 实例应用

从实际出发,用实例数据探讨所提出控制图的实施策略具有重要意义。本节利用Montgomery(2009)的两个实例评价所提出的控制图,一个例子是监控汽车发动机的活塞环内径,另一个例子是监控通过注塑工艺制造零部件抗压强度。

5.4.1 汽车发动机活塞环内径的监测

为了监控汽车发动机的活塞环内径,Montgomery（2009）的表6.3给出了25个样本,每个样本由5个活塞环内径数据组成。使用R软件包"dfphase1"中提供的阶段I非参数方法对这25组数据进行分析,具体参见Capizzi和Masarotto（2018）。分析结果显示没有失控点。因此,可以将这125个测量值看作参考样本,即参考样本大小为$m = 125$。Montgomery（2009）的表6E.7给出了另外15个样本,每组样本由5个活塞环内径数据组成,将这15组样本看成检验样本。显然,检验样本大小是$n = 5$。首先基于参考样本的125个测量值估计未知过程分布的尾部权重$\hat{W}$。利用公式(5.1)计算可得$\hat{W} = 1.66$。基于参考样本计算Bowley偏度系数,为0.0769。这些结果表明未知的过程分布是中尾对称的。因此,LPA控制图和MLPA控制图选择的检验统计量均为LPlog统计量,即在这个例子中,LPlog、LPA和MLPA控制图应得出相同的结果。为了公平比较,所有控制图的ARL_0都取为500。通过Monte-Carlo模拟分别找到LPGA、LPlog（LPA和MLPA）、LPLT、SL和SC控制图的上控制限。结果如表5.13所示。表5.13给出了所有控制图的15个检验样本对应的检验统计量值,其中深灰色的阴影表示对应的检验统计量发出失控警报。由表5.13的数据可知,所有的控制图都显示前11个检验样本是可控的,在第12个检验样本首次发生报警,并一直持续到第14个样本。

5.4.2 注塑工艺制造零部件抗压强度的监测

实例2是使用所提出的控制图对注塑工艺制造零部件的抗压强度进行监控。Montgomery（2009）的表6E.11给出了20组样本,每个样本由5个零部件的抗压强度数据组成。应用R软件包"dfphase1"中提供的阶段I非参数方法对这20组样本进行可控分析,结果表明,没有样本点超出控制限,即过程可控。因此,可以将这100个测量值作为参考样本,参考样本容量$m = 100$。Montgomery（2009）的表6E.12列出了另外15组样本,每组样本包含5个零部件的耐压强度数据,将这15组样本作为检验样本,即检验样本容量$n = 5$。利用100个参考样本测量值估计过程分布的尾部权重$\hat{W}$和Bowley偏度系数,分别为1.546和0.0146。这些结果表明未知的过程分布是短尾对称的。因此,LPA控制图选择LPGA统计量作为检验统计量,而MLPA控制图选择LPlog作为检验统计量。也就是说，对于这个数据集，LPGA和LPA控制图将有相同的结果，而MLPA控制图将等同于LPlog控制图。下面利用这个数据集比较所提出控制图的检测能力。为了公平比较，所有控制图的ARL_0均设为500。通过Monte-Carlo模拟分别找到LPGA（LPA）、LPlog（MLPA）、LPLT、SL和SC控制图的上控制限。所有控制图的上控制限和15个检验统计量值见表5.14，其中深灰色的阴影表示对应的检测统计量超出了相应的控制限。进一步，在图5.2至图5.6中分别绘制了LPGA（LPA）、LPlog（MLPA）、LPLT、SL和SC控制图的检验统计量值和相应的控制限。从表5.14和图5.2至图5.6可知，LPGA控制图在第4、6和11个检验样本点发出失控信号；LPlog控制图在第4、7和11个检验样本点发生报警；LPLT控制图仅在第6检验样本点处发出失控信号，而SL和SC控制图没有发生报警。由此可以看出利用过程分布的对称性和尾部权重等附加信息有利于提高控制图的检测性能。显然，所提出的控制图比SL和SC控制图更快地检测到这个数据集的变化。本章所提出的自适应非参数方法与传统（非自适应）非参数控制图相比减少了信息损失，因此它是一个非常有用的工具。

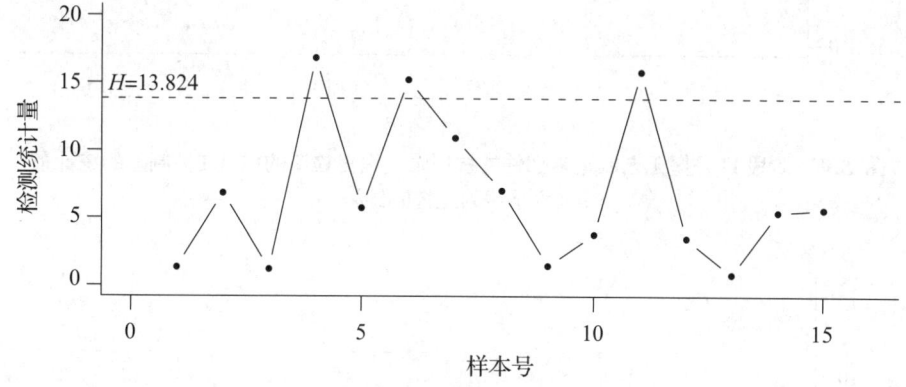

图 5.2 阶段 II 注塑工艺制造零部件的抗压强度数据检测的LPGA（LPA）控制图的统计量（水平线为上控制限）

5.5 本章小结

本章基于样本信息，针对短尾、中尾和长尾对称分布，提出了基于LPGA、LPlog和LPLT统计量的三个非参数Shewhart-Lepage控制图。进一步，利用LPGA、LPlog和LPLT统计量设计了两个自适应非参数Shewhart-Lepage型控制图，一个是LPA控制图基于Kössler（2006）提出的自适应检验统计量，另一个是基于有限样本修正的自适应非参数控制图，简记为MLPA控制图。依据运行长度分布的均值、方差

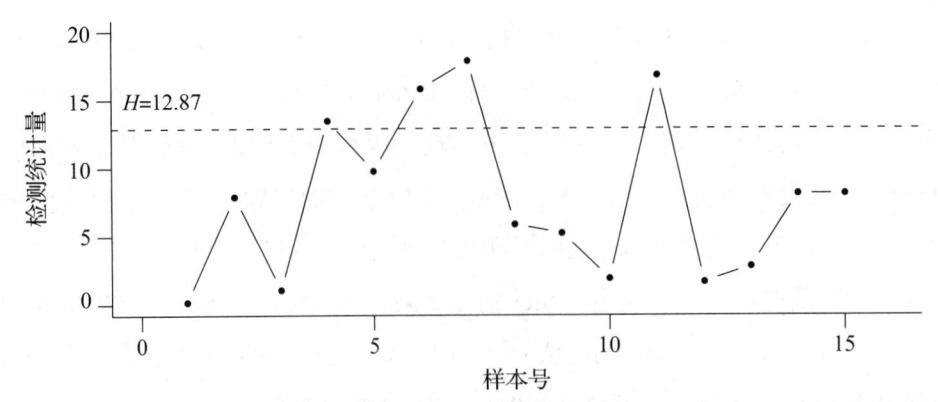

图 5.3　阶段 II 注塑工艺制造零部件的抗压强度数据检测的LPlog（MLPA）控制图的统计量
（水平线为上控制限）

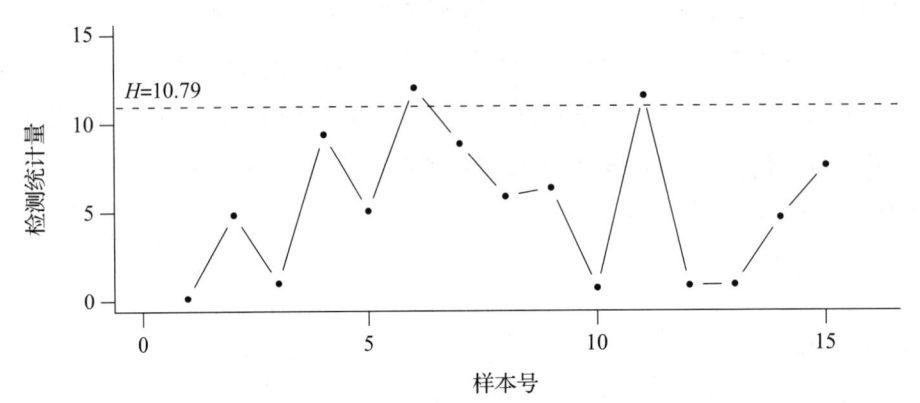

图 5.4　阶段 II 注塑工艺制造零部件的抗压强度数据检测的LPLT控制图的统计量
（水平线为上控制限）

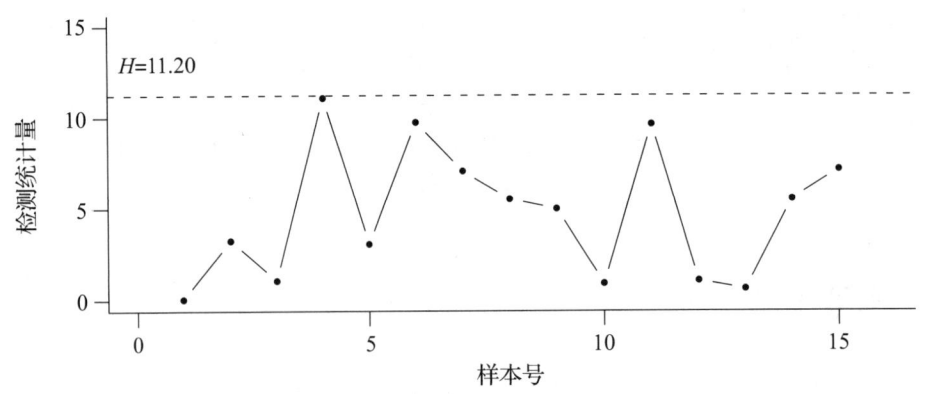

图 5.5　阶段 II 注塑工艺制造零部件的抗压强度数据检测的SL控制图的统计量
（水平线为上控制限）

和分位数，详细研究了所提出一系列控制图的受控和失控性能。通过大量的模拟研究，将提出的一系列控制图与已有的SL和SC控制图在不同过程分布和参数漂移下进

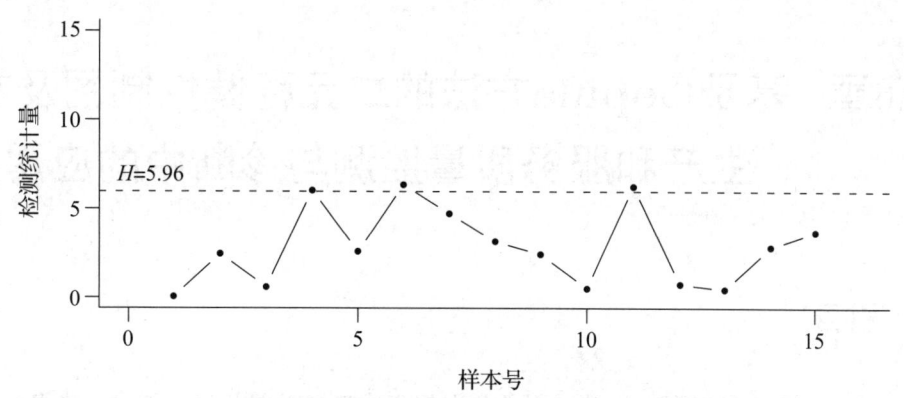

图 5.6　阶段 II 注塑工艺制造零部件的抗压强度数据检测的SC控制图的统计量
（水平线为上控制限）

行了性能比较。比较结果表明，没有任何一个控制图在所有考虑的情况下性能都是最优的。然而，MLPA控制图的整体性能在不同情况下与最优控制图相似或者接近。自适应方法的思想就是当过程分布未知时，基于样本提供的信息选择最合适的检验统计量。本章提出的MLPA控制图有效且计算简单。因为实际中过程分布未知且可能发生误判，MLPA 控制图性能稳健且对于不同类型的过程分布都具有较好的检测效率，是一个很好的选择。在今后的研究中，可以考虑使用EWMA和CUSUM控制图进一步加强检测效率。针对偏态过程分布设计自适应非参数控制图也需要进一步研究。

第6章 基于Copula方法的二元稳健控制图及在生产和服务质量监测与诊断中的应用

6.1 引言

近年来，随着采集到的生产与服务数据的高维特性日益凸显，国内外许多学者和研究团队在MSPC方向开展了很多工作，并取得了大量的研究成果。总结来说，多元控制图应该具有三个重要性质：①控制图是否考虑了变量之间的关系；②控制图是否保证了给定的误报率，并且在此基础上具有较高的检测效率；③控制图发出报警信号后，能否快速准确地识别发生漂移的变量，解释报警原因，以便帮助企业及时地消除造成漂移的根源。

大多数现有的多元控制图是在多元正态分布的假设下构建的。这种假设在实践中通常是不合理的。Qiu（2014）和Montgomery（2009）研究表明，当实际过程分布不是正态分布时，依赖正态分布假设构建控制图的受控和失控性能会显著恶化。因此，在实践中，许多学者主张使用非参数或者稳健的控制图。大部分现有的多元非参数控制图主要用于监控过程分布的均值向量（Zou和Tsung，2011；Zou等，2012；Boone和Chakraborti，2012；Chen等，2016；Dovoedo和Chakraborti，2017；Mukherjee等，2017）或者协方差矩阵（Li等，2013；张超2017）。但是在实践中，还可能出现的一种情况是均值向量和协方差矩阵混杂在一起同时发生变化；或者事先并不知道会出现哪个参数变化，需要对多个参数的变化同时监控。因此，设计出能够同时监控均值向量和协方差矩阵变化的多元非参数控制图十分必要。此外，多元控制图报警后的异常源诊断问题也是近年来许多学者关注的课题。大部分现有的多元非参数控制图存在一个共同的问题，它们本身不能用作诊断，无法解释报警到底是由哪个或者哪几个变量发生变化引起的，这往往会阻碍工程师在实际中使用它们。本章旨在建立两个稳健的控制图，用于二元数据的联合监控和诊断。

在概率统计学中，Copula是一个多元概率分布，其中每个变量的边缘概率分布是均匀分布。Copula描述的是变量间的相关性，实际上是一类将联合分布函数与它们各自的边缘分布函数连接在一起的函数。Copula方法是一种常用的非线性、非对称性和尾部相关性建模工具，越来越多地用于模拟多元分布，如水文学、精算科学或金融学。近年来，许多学者将Copula方法应用在设计控制图上：基于Copula函数构造二元零膨胀泊松分布的联合分布，构建二元属性控制图（Fatahi等，2011；2012）。针对多元非正态数据，基于Copula模型估计密度函数用于构建多元控制图（Verdier，2013）。当边缘分布是指数分布，基于不同的Copula函数，设计二元及三元控制图（Kuvattana等，2015，2016；Sukparungsee等，2017；2018）。基于Copula的时间序列模型构建多元控制图（Emura等，2015；Kim等，2019）。本章基于Copula方法，提出了一个二元稳健控制图的设计框架，理论依据是Sklar（1959）中一个简洁的定理，具体如下。

Sklar定理 设$X = (X_1, \cdots, X_d)$是随机向量，具有边缘累积分布函数$F_1, \cdots, F_d$，H是相应的联合累积分布函数，那么，存在一个Copula函数$C : [0,1]^d \to [0,1]$，对于$(x_1, x_2, \cdots, x_d) \in \mathbb{R}^d$：

$$H(x_1, x_2, \cdots, x_d) = C(F_1(x_1), \cdots, F_d(x_d)).$$

当$F_1(x_1), \cdots, F_d(x_d)$连续，则Copula函数$C$是唯一确定的。不然，Copula函数$C$只在各边缘累积分布函数值域内是唯一确定的。同样，给定分布函数$F_1, \cdots, F_d$和Copula函数C，那么对于$(u_1, u_2, \cdots, u_d) \in [0,1]^d$：

$$C(u_1, u_2, \cdots, u_d) = H(F_1^{-1}(u_1), F_2^{-1}(u_2), \cdots, F_d^{-1}(u_d)).$$

式中，F_i^{-1}为F_i的反函数。

Sklar定理表明，可以将任意一个d维联合分布函数分解为d个边缘分布函数和一个Copula函数。边缘分布函数描述的是各个变量的分布，而Copula函数描述的是变量之间的相关结构。

在此基础上，本章提出了一个新的二元稳健控制图的设计方法，将监控二元联合分布分解为基于单个统计量同时监控边缘分布和Copula函数。

对于边缘分布，采用合适的非参数检验统计量同时检测过程位置参数和尺度参数。Mukherjee和Chakraborti（2012）以及Chowdhury等（2014）分别基于Lepage和Cucconi统计量构建Shewhart控制图，探索有关联合监控过程位置参数和尺度参数非参数控制图的新领域。Lepage和Cucconi统计量是联合检测位置和尺度问题的非参数统计量。近年来，许多学者基于这两个统计量提出了大量的非参数控制图。例如，Mukherjee和Marozzi（2017a；2017b）、Chong等（2018）、Mukherjee和Sen（2018）以及Song等（2019）。因此，本章采用Lepage和Cucconi统计量联合检测边缘分布的位置参数和尺度参数，进一步利用欧氏距离以及与检测边缘分布相同的非参数统计量检验两个经验Copula相等，从而达到检测相关结构的目的。确切地说，本章同时监控边缘分布的位置和尺度参数以及用于描述变量间相关结构的经验Copula。对于假设检验问题，多数实际操作人员更喜欢P值方法。一些学者讨论了在SPC中使用P值的方法，例如，Li和Qiu（2014）等。鉴于此，本章分别计算每个统计量的P值，并使用Tippett联合函数联合这些P值构建最终的检验统计量。基于此方法设计的控制图有三个主要优点。首先，它是通过三个非参数检验计算三个P值，并且联合三个P值构造的统计量是稳健的。也就是说，实际操作者在对过程分布没有确切了解的情况下可以使用新提出的控制图。其次，新提出的控制图可以同时监测边缘分布的位置参数、尺度参数和相关结构。最后，实际的漂移可能发生在两个边缘分布或相关结构中的任何一个，所提出的控制图在触发警报后能够很快地识别失控信号源。值得一提的是，本章所提出的方法简单直观、易于理解和实施。虽然为了简单起见，主要关注二元问题，但是可以直接将所提出的方法扩展到更一般的多元数据上（Song等2021，2023）。

本章其余部分安排如下：6.2节详细描述所提出控制图的设计方案；6.3节给出了控制图的详细性能分析；6.4节通过监测和诊断加拿大温哥华市呼叫中心服务质量以及工厂生产软木塞的长度和直径具体说明所提出控制图的应用；6.5节对本章内容进行总结。

6.2 两个稳健的二元控制图

假设$\boldsymbol{S}_m^{(0)}=\left(\left(X_1^{(0)},Y_1^{(0)}\right),\left(X_2^{(0)},Y_2^{(0)}\right),\cdots,\left(X_m^{(0)},Y_m^{(0)}\right)\right)$是来自阶段I独立同分布的历史参考样本，其未知的二元连续累计分布函数为$F(x,y)$，并假设均值向量为$\boldsymbol{\mu}_0$，协方差矩阵为$\boldsymbol{\Sigma}_0$。$\boldsymbol{S}_n^{(1)}=\left(\left(X_1^{(1)},Y_1^{(1)}\right),\left(X_2^{(1)},Y_2^{(1)}\right),\cdots,\left(X_n^{(1)},Y_n^{(1)}\right)\right)$是来自阶段II样本容量为$n$的检验样本，并假设与参考样本独立，其连续累计分布函数为$G(x,y)$，具有均值向量$\boldsymbol{\mu}_1$以及协方差矩阵$\boldsymbol{\Sigma}_1$。假设$F_X(x)=F(x,\infty)$和$F_Y(y)=F(\infty,y)$是二元联合分布$F(x,y)$的两个边缘分布。类似地，$G_X(x)=G(x,\infty)$和$G_Y(y)=G(\infty,y)$是$G(x,y)$的两个边缘分布。根据Sklar定理，任何二元联合分布都可以用两个边缘分布和描述变量之间相关结构的Copula表示，即$F(x,y)=C_0\{F_X(x),F_Y(y)\}$，$G(x,y)=C_1\{G_X(x),G_Y(y)\}$。考虑如下统计假设。

① 当过程可控时，$H_0:F(x,y)=G(x,y)$，对任意实数x,y，即两个边缘分布函数$F_X(x)$和$G_X(x)$，$F_Y(y)$和$G_Y(y)$以及两个Copula函数$C_0(\cdot)$和$C_1(\cdot)$应相同。

因此，检验H_0等价于同时检验以下三个假设：$H_{01}: F_X(x) = G_X(x)$, $H_{02}: F_Y(y) = G_Y(y)$以及$H_{03}: C_0(x,y) = C_1(x,y)$。

② 当过程失控时，$H_1: F(x,y) \neq G(x,y)$，等价于H_{01}，H_{02}和H_{03}至少有一个不成立。

基于此，本章将二元过程的监测分解为基于一个统计量同时监测两个边缘分布和一个Copula函数。当分量X的位置参数或者尺度参数发生漂移，$G_X(x) = F_X(\frac{x-\theta_X}{\delta_X})$，$-\infty < \theta_X < \infty$，$\delta_X > 0$，其中$\theta_X$和$\delta_X$分别代表分量$X$的未知的位置参数和尺度参数漂移。在一元SPC中，上述结构被称为位置-尺度模型；类似地，当分量Y的位置参数或者尺度参数发生漂移，$G_Y(y) = F_Y(\frac{y-\theta_Y}{\delta_Y})$，$-\infty < \theta_Y < \infty$，$\delta_Y > 0$，其中$\theta_Y$和$\delta_Y$分别代表分量$Y$的未知的位置参数和尺度参数漂移。对于边缘分布，采用非参数统计量Lepage和Cucconi联合检测位置参数和尺度参数的变化。此外，通过检验Copula函数（即假设H_{03}）监控相关结构的变化。对随机变量X和Y进行严格单调递增变换，Copula函数不变。因此，由于Copula函数未知，可以通过X和Y的秩来描述X和Y之间的相关结构。具体来说，利用参考样本$\boldsymbol{S}_m^{(0)}$的伪样本$(u_i^{(0)}, v_i^{(0)})$, $i = 1, 2, \cdots, m$估计参考样本对应的经验Copula，其中$u_i^{(0)} = \frac{R_i^{(0)}}{m+1}$，$v_i^{(0)} = \frac{S_i^{(0)}}{m+1}$，$R_i^{(0)}$是$X_i^{(0)}$在样本$X_1^{(0)}, X_2^{(0)}, \cdots, X_m^{(0)}$中的秩，$S_i^{(0)}$是$Y_i^{(0)}$在样本$Y_1^{(0)}, Y_2^{(0)}, \cdots, Y_m^{(0)}$中的秩。类似地，可以用同样的方法获得检验样本$\boldsymbol{S}_n^{(1)}$的伪样本$(u_i^{(1)}, v_i^{(1)})$, $i = 1, 2, \cdots, n$估计检验样本对应的经验Copula，其中$u_i^{(1)} = \frac{R_i^{(1)}}{n+1}$，$v_i^{(1)} = \frac{S_i^{(1)}}{n+1}$，$R_i^{(1)}$是$X_i^{(1)}$在样本$X_1^{(1)}, X_2^{(1)}, \cdots, X_n^{(1)}$中的秩，$S_i^{(1)}$是$Y_i^{(1)}$在样本$Y_1^{(1)}, Y_2^{(1)}, \cdots, Y_n^{(1)}$中的秩。使用秩估计Copula的优点是与边缘分布无关。上述方法可以很容易地通过使用R软件包Copula的内置函数pobs实现。

6.2.1 Lepage-Copula统计量

本节使用Lepage统计量联合监测两个边缘分布的位置参数和尺度参数。首先对于X分量的边缘分布，按从小到大顺序排列容量为$N(= m+n)$的混合样本$\boldsymbol{X}^{(0)} = \left(X_1^{(0)}, X_2^{(0)}, \cdots, X_m^{(0)}\right)$和$\boldsymbol{X}^{(1)} = \left(X_1^{(1)}, X_2^{(1)}, \cdots, X_n^{(1)}\right)$。设$I_k^X$是示性函数，在混合样本中，若第$k$个顺序统计量是参考样本$\boldsymbol{X}^{(0)}$中的测量值，则$I_k^X = 0$；若第$k$个顺序统计量是检验样本$\boldsymbol{X}^{(1)}$中的测量值，则$I_k^X = 1$。WRS统计量定义为$X_i^{(1)}, i = 1, 2, \cdots, n$在混合样本中的秩和，用于检验位置参数，具体如下：

$$T_1^X = \sum_{k=1}^{N} k I_k^X.$$

AB统计量T_2^X，用于检验尺度参数，定义为

$$T_2^X = \sum_{k=1}^{N} \left| k - \frac{1}{2}(N+1) \right| I_k^X.$$

因而用于联合检测分量X的位置参数和尺度参数的Lepage非参数统计量定义为

$$L^X = \left(\frac{T_1^X - E(T_1^X)}{\sqrt{Var(T_1^X)}} \right)^2 + \left(\frac{T_2^X - E(T_2^X)}{\sqrt{Var(T_2^X)}} \right)^2.$$

类似地，对于分量Y的边缘分布，考虑按从小到大顺序排列容量为$N(=m+n)$的混合样本$\boldsymbol{Y}^{(0)} = \left(Y_1^{(0)}, Y_2^{(0)}, \cdots, Y_m^{(0)} \right)$和$\boldsymbol{Y}^{(1)} = \left(Y_1^{(1)}, Y_2^{(1)}, \cdots, Y_n^{(1)} \right)$。引入示性函数$I_k^Y$，在混合样本中，若第$k$个顺序统计量是参考样本$\boldsymbol{Y}^{(0)}$中的测量值，则$I_k^Y = 0$；若第$k$个顺序统计量是检验样本$\boldsymbol{Y}^{(1)}$中的测量值，则$I_k^Y = 1$。WRS统计量定义为

$$T_1^Y = \sum_{k=1}^{N} k I_k^Y.$$

进一步，AB统计量定义为

$$T_2^Y = \sum_{k=1}^{N} \left| k - \frac{1}{2}(N+1) \right| I_k^Y.$$

因而用于联合检测分量Y的位置参数和尺度参数的Lepage非参数统计量定义为

$$L^Y = \left(\frac{T_1^Y - E(T_1^Y)}{\sqrt{Var(T_1^Y)}} \right)^2 + \left(\frac{T_2^Y - E(T_2^Y)}{\sqrt{Var(T_2^Y)}} \right)^2.$$

为了监控X和Y之间的相关结构，考虑参考样本$\boldsymbol{S}_m^{(0)}$的伪样本$(u_i^{(0)}, v_i^{(0)}), i = 1, 2, \cdots, m$与原点$(0,0)$的欧氏距离，构造一个大小为$m$的样本：

$$\boldsymbol{C}^{(0)} = \left(\sqrt{\left(u_1^{(0)}\right)^2 + \left(v_1^{(0)}\right)^2}, \sqrt{\left(u_2^{(0)}\right)^2 + \left(v_2^{(0)}\right)^2}, \cdots, \sqrt{\left(u_m^{(0)}\right)^2 + \left(v_m^{(0)}\right)^2} \right).$$

进一步，利用检验样本$\boldsymbol{S}_n^{(1)}$的伪样本$(u_i^{(1)}, v_i^{(1)}), i = 1, 2, \cdots, n$与原点$(0,0)$的欧氏距离，构造一个大小为$n$的样本：

$$\boldsymbol{C}^{(1)} = \left(\sqrt{\left(u_1^{(1)}\right)^2 + \left(v_1^{(1)}\right)^2}, \sqrt{\left(u_2^{(1)}\right)^2 + \left(v_2^{(1)}\right)^2}, \cdots, \sqrt{\left(u_n^{(1)}\right)^2 + \left(v_n^{(1)}\right)^2} \right).$$

将样本$\boldsymbol{C}^{(0)}$和$\boldsymbol{C}^{(1)}$联合并按照升序排列构成容量为$N = m+n$的混合样本。示性函数I_k^C为0或者1，根据混合样本的第k个顺序统计量是$\boldsymbol{C}^{(0)}$中的测量值或者是$\boldsymbol{C}^{(1)}$中的测量值来确定。WRS统计量为如下形式：

$$T_1^C = \sum_{k=1}^{N} k I_k^C.$$

相应的AB统计量定义为

$$T_2^C = \sum_{k=1}^{N} \left| k - \frac{1}{2}(N+1) \right| I_k^C.$$

进一步，用于检验X和Y之间的相关结构的Lepage统计量由下式给出：

$$L^C = \left(\frac{T_1^C - E(T_1^C)}{\sqrt{Var(T_1^C)}} \right)^2 + \left(\frac{T_2^C - E(T_2^C)}{\sqrt{Var(T_2^C)}} \right)^2.$$

根据Mukherjee和Chakraborti（2012），可知上述统计量的均值和方差为

$$E(T_1^X) = E(T_1^Y) = E(T_1^C) = \frac{1}{2}n(N+1),$$

$$Var(T_1^X) = Var(T_1^Y) = Var(T_1^C) = \frac{1}{12}mn(N+1).$$

进一步，

$$E(T_2^X) = E(T_2^Y) = E(T_2^C) = \begin{cases} \dfrac{n(N^2-1)}{4N} & \text{当}N\text{是奇数} \\ \dfrac{nN}{4} & \text{当}N\text{是偶数}, \end{cases}$$

$$Var(T_2^X) = Var(T_2^Y) = Var(T_2^C) = \begin{cases} \dfrac{mn(N+1)(N^2+3)}{48N^2} & \text{当}N\text{是奇数} \\ \dfrac{mn(N^2-4)}{48(N-1)} & \text{当}N\text{是偶数}. \end{cases}$$

下面基于假设检验中的P值方法，提出了一个稳健的检验统计量，简称为Lepage-Copula统计量。设Λ_1是Lepage统计量L^X的P值，用于联合检测分量X的边缘分布的位置参数和尺度参数；Λ_2是Lepage统计量L^Y的P值，用于联合监测分量Y的边缘分布的位置参数和尺度参数；Λ_3为Lepage统计量L^C的P值，用于检测X与Y的相关结构。由于分布未知，利用随机排列检验法近似估计P值Λ_1、Λ_2和Λ_3。使用Tippett联合函数联合三个P值构成Lepage-Copula统计量。基于Tippett联合函数的Lepage-Copula统计量由下式给出：

$$LC = \max\{-\ln \Lambda_1, -\ln \Lambda_2, -\ln \Lambda_3\}, \tag{6.1}$$

式中：ln代表自然对数。

6.2.2 Cucconi-Copula统计量

对于非参数双样本位置-尺度问题，Marozzi（2009，2013）表明Cucconi统计量比Lepage统计量在多数情况下表现更好。因此，本小节基于Cucconi提出另一个稳健的统计量用于二元过程的联合检测，简称为Cucconi-Copula统计量。首先简要回

顾Cucconi统计量，定义如下统计量：

$$T_1^{[A]} = \sum_{k=1}^{N} k I_k^{[A]},$$

$$S_1^{[A]} = \sum_{k=1}^{N} k^2 I_k^{[A]},$$

$$S_2^{[A]} = \sum_{k=1}^{N} (N+1-k)^2 I_k^{[A]} = n(N+1)^2 - 2(N+1)T_1^{[A]} + S_1^{[A]},$$

式中：$I_k^{[A]}$是示性函数，$I_k^{[A]}$等于0或1，取决于混合样本中的第k个顺序统计量是$[A]^{(0)}$中的测量值或是$[A]^{(1)}$中的测量值，其中$[A]=X$或Y或C；$T_1^{[A]}$是用于检验位置参数的WRS统计量；$S_1^{[A]}$代表检验样本在混合样本中秩的平方和；$S_2^{[A]}$是检验样本在混合样本中反秩的平方和。

进一步，标准化的统计量定义为$U^{[A]} = \dfrac{S_1^{[A]} - \mu_1}{\sigma_1}$，$V^{[A]} = \dfrac{S_2^{[A]} - \mu_2}{\sigma_2}$，并且$\rho = Corr(U^{[A]}, V^{[A]}|IC)$，式中$(\mu_1, \sigma_1)$和$(\mu_2, \sigma_2)$分别是$S_1^{[A]}$和$S_2^{[A]}$的均值和标准差，$\rho$代表$U^{[A]}$与$V^{[A]}$的相关系数，其中$[A]=X$或$Y$或$C$（具体表达式参见3.2.2小节）。

因而Cucconi统计量可定义为

$$C^{[A]} = \frac{(U^{[A]})^2 + (V^{[A]})^2 - 2\rho U^{[A]} V^{[A]}}{2(1-\rho^2)}, \quad [A]等于X或Y或C.$$

类似于6.2.1节，假设Υ_1是Cucconi检验C^X的P值，用于联合检测关于X的边缘分布的位置参数和尺度参数的变化；Υ_2是Cucconi统计量C^Y的P值，用于联合监控关于Y的边缘分布的位置参数和尺度参数；Υ_3是Cucconi统计量C^C的P值，用于检验X与Y的相关结构。利用Tippett联合函数组合上述三个P值，得到的Cucconi-Copula统计量如下：

$$CC = \max\{-\ln \Upsilon_1, -\ln \Upsilon_2, -\ln \Upsilon_3\} \tag{6.2}$$

6.2.3 Lepage-Copula和Cucconi-Copula控制图的设计步骤

本节讨论了基于Lepage-Copula和Cucconi-Copula统计量的两个稳健的控制图的设计步骤。根据定义，Lepage-Copula统计量（公式(6.1)）和Cucconi-Copula统计量（公式(6.2)）均为非负的。此外，不论漂移的方向和大小，失控状态下的检验统计量的值会变大。因此，所提出的两个控制图只需要上控制限（简记为UCL）。Lepage-Copula和Cucconi-Copula控制图的设计步骤如下。

1) 选取来自阶段I可控过程容量为m的参考样本$(X_1^{(0)}, Y_1^{(0)}), \cdots, (X_m^{(0)}, Y_m^{(0)})$。

2） 设$(X_{j1}^{(1)}, Y_{j1}^{(1)}), \cdots, (X_{jn}^{(1)}, Y_{jn}^{(1)})$ 为来自阶段II 容量为n的第j个检验样本，$j = 1, 2, \cdots$。

3） （i）对于Lepage-Copula控制图，当$j = 1, 2, \cdots$，基于随机排列检验计算P值：

①关于X的边缘分布，计算参考样本$(X_1^{(0)}, \cdots, X_m^{(0)})$和检验样本$(X_{j1}^{(1)}, \cdots, X_{jn}^{(1)})$ 对应的Lepage统计量的P值Λ_{j1}；

②关于Y的边缘分布，计算参考样本$(Y_1^{(0)}, \cdots, Y_m^{(0)})$和检验样本$(Y_{j1}^{(1)}, \cdots, Y_{jn}^{(1)})$ 对应的Lepage统计量的P值Λ_{j2}；

③关于X与Y的相关结构，计算检验两个Copula 相等的P值Λ_{j3}。

（ii）类似地，对于Cuconi-Copula控制图，当$j = 1, 2, \cdots$，基于随机排列检验计算如下P值：

①关于X的边缘分布，计算参考样本$(X_1^{(0)}, \cdots, X_m^{(0)})$和检验样本$(X_{j1}^{(1)}, \cdots, X_{jn}^{(1)})$对应的Cucconi统计量的$P$值$\Upsilon_{j1}$；

②关于Y的边缘分布，计算参考样本$(Y_1^{(0)}, \cdots, Y_m^{(0)})$和检验样本$(Y_{j1}^{(1)}, \cdots, Y_{jn}^{(1)})$ 对应的Cucconi统计量的P值Υ_{j2}；

③关于X与Y的相关结构，计算检验两个Copula相等的P 值Υ_{j3}。

4） 分别计算Lepage-Copula和Cucconi-Copula控制图的第j个检验样本对应的检验统计量$LC_j = \max\{-\ln(\Lambda_{j1}), -\ln(\Lambda_{j2}), -\ln(\Lambda_{j3})\}$ 和$CC_j = \max\{-\ln(\Upsilon_{j1}), -\ln(\Upsilon_{j2}), -\ln(\Upsilon_{j3})\}$，$j = 1, 2, \cdots$。

5） 设H_{L}和H_{C}分别为Lepage-Copula和Cucconi-Copula控制图的上控制限。

6） 当检验统计量$[S]C_j$超过上控制限$H_{[S]}$，其中$[S]$等于L或C，控制图发生报警。此时，需要操作人员查找失控原因。否则，过程被认为受控，控制图将继续检测下一个检验样本。

6.3 数值结果与比较分析

本节将进行一系列的模拟计算，通过运行长度分布的特征研究所提出控制图在受控和失控状态下的性能。运行长度是从检测开始到控制图首次发出报警信号为止所抽取的样本组数，其概率分布称为运行长度分布。ARL和$SDRL$是常用的控制图性能评价指标，但由于运行长度分布是右偏的，有必要对运行长度分布的其他特征进行研究，包括第5、25、50、75和95百分位数。

6.3.1 控制限的计算

设RL为控制图的运行步长。易知，给定参考样本$\boldsymbol{S}_m^{(0)}$，条件运行长度分布是几何分布的，其成功概率为$Prob\left[T > H|\boldsymbol{S}_m^{(0)}\right]$，其中$T$是检验统计量，$H$是上控制限。因此，根据几何分布的性质可以直接得到条件运行长度分布的所有特征。无条件运行长度分布的所有特征可以通过对参考样本分布求平均而获得。无条件运行长度分布的一般形式可由下式给出：

$$Prob[RL=r] = E\left[\Psi(\boldsymbol{S}_m^{(0)},H)\right]^{r-1} - E\left[\Psi(\boldsymbol{S}_m^{(0)},H)\right]^{r},$$

式中：$\Psi(\boldsymbol{S}_m^{(0)},H) = Prob\left[T \leqslant H|\boldsymbol{S}_m^{(0)}\right]$。

因而无条件ARL可表示为

$$ARL = \sum_{r=1}^{\infty} r \cdot Prob[RL=r] = \sum_{r=0}^{\infty} E\left[\Psi\left(\boldsymbol{S}_m^{(0)},H\right)\right]^{r} = E\left[\frac{1}{1-\Psi(\boldsymbol{S}_m^{(0)},H)}\right].$$

基于上述运行长度分布的表达式，可以通过将受控的ARL_0设置为某个给定值来计算上控制限H。然而，由于公式的复杂性，理论上可以使用公式直接计算上控制限，在实践中却很难实现。Li等（2014）梳理了ARL的计算方法，表明Monte-Carlo方法被广泛使用。因此，本章采用Monte-Carlo模拟进行近似计算。模拟的细节和结果将在下面的章节中讨论。

6.3.2 控制图受控时的性能分析

当过程可控时，首先考虑二元正态分布。此外，为了检验所提出的控制图在不同分布下的稳健性，进一步研究控制图在自由度为3的二元t分布和二元指数分布下的受控性能。其中，二元正态分布代表对称的轻尾分布，二元t分布代表对称的重尾分布，二元指数分布代表偏态分布。对于上述三种分布，受控参数均设置为$(\mu_X, \mu_Y, \sigma_X, \sigma_Y, \rho) = (0,0,1,1,0.5)$。考虑参考样本大小$m=50,100$和检验样本容量$n=5,15$和25，并且将$ARL_0$设为370.4。通过Monte-Carlo模拟，计算相应的上控制限H和受控运行长度分布的各个特征，包括标准差、中位数和一些百分位数。模拟结果见表6.1。为了全面研究，本章也考虑了一些其他的受控参数，例如μ_X和μ_Y不为0，类似地，σ_X和σ_Y取不同值，ρ也不同于0.5。正如预期的那样，在所有情况下，对于给定的参数组合(m, n, ARL_0)，相同的上控制限H值均适用，并且受控运行长度分布的各个特征几乎相同。这证实了所提出控制图在受控状态下是稳健的,因为实际上它的受控性质在不同的二元连续过程分布中保持不变。

表 6.1 Cucconi-Copula图和Lepage-Copula图的上控制限和受控状态时的性能

控制图	m	n	H	$ARL_0(=370.4)$	$SDRL_0$	5th	25th	50th	75th	95th
				二元正态分布						
Cucconi-Copula	50	5	5.88	362.85	582.91	9	57	160	393	1388
	50	15	5.58	372.11	611.76	6	53	152	423	1426
	50	25	5.43	378.09	612.23	8	47	158	432	1442
	100	5	6.22	365.49	488.17	17	83	205	433	1327
	100	15	5.88	363.65	545.06	10	60	175	426	1344
	100	25	5.81	365.45	547.30	11	65	176	434	1369
Lepage-Copula	50	5	5.96	365.79	566.09	10	60	168	406	1278
	50	15	5.78	374.73	580.89	9	59	172	456	1466
	50	25	5.50	364.22	584.89	7	41	145	421	1446
	100	5	6.33	363.94	452.60	15	80	203	465	1263
	100	15	6.17	372.61	519.51	10	71	204	483	1254
	100	25	6.00	371.70	557.99	10	65	191	460	1310
				二元t分布						
Cucconi-Copula	50	5	5.88	379.34	621.58	9	56	168	405	1415
	50	15	5.58	379.38	633.87	7	50	158	452	1478
	50	25	5.43	377.10	615.37	7	48	164	424	1501
	100	5	6.22	376.44	511.75	16	93	214	460	1356
	100	15	5.88	361.57	538.62	10	58	171	436	1305
	100	25	5.81	357.34	534.31	10	59	166	421	1318
Lepage-Copula	50	5	5.96	355.16	538.99	10	68	171	418	1310
	50	15	5.78	368.35	569.14	9	58	173	417	1474
	50	25	5.50	371.87	604.33	7	43	150	435	1471
	100	5	6.33	362.28	456.91	16	84	212	436	1179
	100	15	6.17	370.70	512.48	10	73	209	475	1197
	100	25	6.00	367.88	539.71	10	62	184	458	1280
				二元指数分布						
Cucconi-Copula	50	5	5.88	379.72	631.36	10	61	170	428	1451
	50	15	5.58	378.00	622.25	7	48	162	464	1497
	50	25	5.43	367.42	583.68	9	56	161	441	1439
	100	5	6.22	364.92	459.07	15	86	214	487	1290
	100	15	5.88	360.16	524.95	11	57	178	454	1315
	100	25	5.81	371.10	542.74	11	65	178	456	1385
Lepage-Copula	50	5	5.96	352.89	539.21	10	61	165	403	1282
	50	15	5.78	378.23	583.99	10	60	172	435	1454
	50	25	5.50	360.44	576.45	7	41	142	415	1438
	100	5	6.33	367.89	469.63	14	83	206	446	1203
	100	15	6.17	363.57	473.23	11	80	216	466	1250
	100	25	6.00	367.08	536.85	10	63	185	459	1285

6.3.3 控制图的失控性能比较

本节研究Lepage-Copula和Cucconi-Copula控制图在失控状态下的性能。当所有考虑的控制图的ARL_0相同时，如果一个控制图的ARL_1最小，就认为其性能优于其他控制图。Mukherjee等（2017）提出用于监测二元过程的Mathur统计量，并指出在很多情况下，非参数Mathur控制图都具有较好的性能。因此，下面将对提出的控制图与Mathur控制图进行详细的性能比较分析。

利用全部现有的过程分布对非参数控制图进行全面比较是不切实际的。因此，考虑6.3.2小节中的三种代表性分布，即二元正态分布、自由度为3的二元t分布和二元指数分布。在过程可控时，对于这三种分布使用与表6.1相同的参数设置生成参考样本，即$\boldsymbol{\mu}_0 = (0,0)$，$\boldsymbol{\Sigma}_0 = \begin{pmatrix} 1 & 0.5 \\ 0.5 & 1 \end{pmatrix}$。在模拟研究中，设置$\mu_X$和$\mu_Y$为0或1，$\sigma_X$和$\sigma_Y$为1或1.5，并且选择$\rho$分别为0.5、0.25和0.75。因此，总共考虑$2\times2\times2\times2\times3 = 48$组参数$(\mu_X, \mu_Y, \sigma_X, \sigma_Y, \rho)$。显然，$(\mu_X, \mu_Y, \sigma_X, \sigma_Y, \rho) = (0,0,1,1,0.5)$表示过程受控。为了进一步研究所提出的控制图对只有相关系数漂移的检测能力，进一步考虑两个相关系数漂移即$(0,0,1,1,-0.5)$和$(0,0,1,1,0)$。表6.2至表6.7列出了Lepage-Copula控制图、Cucconi-Copula控制图和Mathur控制图在不同漂移下的失控步长特征。为了简洁起见，只给出两组(m,n)的情况，即$(m,n) = (100,5)$和$(100,25)$。表6.2至表6.7中的每个单元格给出相应的ARL值，后面括号中为相应的$SDRL$值以及第5、25、50、75和95百分位数，其中深灰色的阴影表示在给定漂移下的最优控制图，即该控制图的ARL_1最小。

表 6.2　Mathur、Cucconi-Copula和Lepage-Copula控制图的性能比较，基于二元正态分布(m=100，n=5和ARL_0=370.4)

参数设置	Mathur控制图	Cucconi-Copula控制图	Lepage-Copula控制图
$(\mu_1,\mu_2,\sigma_1,\sigma_2,\rho)$	$ARL(SDRL$;somepercentiles) UCL=181.5	$ARL(SDRL$;somepercentiles) UCL=6.22	$ARL(SDRL$;somepercentiles) UCL=6.33
(0,0,1,1,0.5)	374.97(492.06;14,82,210,474,1276)	365.49(488.17;17,83,205,433,1327)	363.94(452.60;13,80,203,465,1263)
(0,0,1,1.5,0.5)	56.22(68.88;3,13,34,72,186)	33.33(40.3;2,9,21,47,101)	50.30(55.31;3,15,32,66,153)
(0,0,1.5,1,0.5)	55.35(70.93;2,13,32,72,186)	33.43(35.39;2,9,21,44,111)	51.62(58.00;2,13,33,67,168)
(0,0,1.5,1.5,0.5)	14.11(15.66;1,4,9,19,44)	18.09(19.5;2,5,12,23,60)	26.3(27.00;2,8,18,36,80)
(0,1,1,1,0.5)	66.68(92.04;3,14,36,83,224)	10.64(12.69;1,3,6,14,34)	9.85(12.02;1,3,6,12,32)
(0,1,1,1.5,0.5)	18.61(21.42;1,5,12,24,58)	6.71(7.6;1,2,4,9,20)	7.63(7.97;1,2,5,10,24)
(0,1,1.5,1,0.5)	13.08(15;1,4,8,17,42)	8.44(9.45;1,2,5,11,27)	8.53(9.05;1,3,5,11,26)
(0,1,1.5,1.5,0.5)	6.77(7.04;1,2,5,9,20)	6.19(6.16;1,2,4,9,20)	6.65(6.84;1,2,5,9,20)
(1,0,1,1,0.5)	68.54(113.92;3,14,36,81,228)	11.17(14.14;1,2,7,14,35)	10.13(11.07;1,3,6,13,34)
(1,0,1,1.5,0.5)	13.63(15.86;1,4,9,18,44)	8.11(9.09;1,2,5,11,23)	8.21(9.24;1,2,5,11,24)
(1,0,1.5,1,0.5)	18.05(21.19;1,5,11,24,55)	6.38(6.69;1,2,4,9,17)	7.53(7.77;1,2,5,10,21)
(1,0,1.5,1.5,0.5)	6.89(7.06;1,2,5,9,20)	5.96(6.21;1,2,4,7,18)	6.68(6.71;1,2,5,9,19)
(1,1,1,1,0.5)	18.31(20.67;1,5,12,24,57)	5.79(5.81;1,2,4,7,17)	5.31(5.63;1,2,3,7,17)
(1,1,1,1.5,0.5)	8.83(9.35;1,3,6,12,26)	4.56(4.56;1,2,3,6,14)	4.83(4.38;1,2,3,6,13)

表6.2(续表)

参数设置	Mathur控制图	Cucconi-Copula控制图	Lepage-Copula控制图
(1,1,1.5,1,0.5)	9.16(9.57;1,3,6,12,27)	4.78(4.35;1,2,3,6,13)	4.98(4.69;1,2,4,6,15)
(1,1,1.5,1.5,0.5)	5.42(5.33;1,2,4,7,16)	4.00(3.7;1,1,3,5,12)	4.50(3.97;1,2,3,6,13)
(0,0,1,1,0.25)	437.73(563.95;16,95,247,562,1500)	363.84(457.22;15,82,212,469,1227)	326.51(401.91;13,75,181,405,1057)
(0,0,1,1.5,0.25)	51.77(67.97;2,12,30,63,179)	35.85(43.17;2,9,22,47,112)	46.28(51.72;3,12,30,61,151)
(0,0,1.5,1,0.25)	49.71(63.91;2,11,29,63,164)	33.93(36.13;2,10,23,45,101)	49.16(53.36;3,13,32,65,157)
(0,0,1.5,1.5,0.25)	11.74(12.8;1,3,8,16,36)	17.64(17.51;2,5,12,24,55)	25.75(26.74;2,7,18,35,78)
(0,1,1,1,0.25)	59.83(88.38;3,13,31,71,208)	11.41(13.93;1,3,7,13,37)	9.70(13.02;1,3,6,12,29)
(0,1,1,1.5,0.25)	16.58(20.03;1,4,10,21,53)	6.88(7.33;1,2,4,9,20)	7.34(7.44;1,2,5,10,21)
(0,1,1.5,1,0.25)	11.96(13.82;1,3,8,16,37)	7.38(7.53;1,2,5,10,22)	8.63(9.29;1,2,6,11,28)
(0,1,1.5,1.5,0.25)	6.07(6.13;1,2,4,8,18)	5.84(5.84;1,2,4,8,16)	6.70(6.8;1,2,4,9,20)
(1,0,1,1,0.25)	62.61(95.5;3,13,34,75,212)	10.20(13.77;1,3,6,13,31)	10.01(12.15;1,3,6,13,33)
(1,0,1,1.5,0.25)	11.91(13.44;1,3,7,15,38)	8.08(8.9;1,2,5,10,26)	8.62(9.89;1,2,5,11,27)
(1,0,1.5,1,0.25)	16.44(18.62;1,4,11,22,52)	6.80(6.4;1,2,5,8,19)	8.16(8.99;1,2,5,11,23)
(1,0,1.5,1.5,0.25)	6.03(6.05;1,2,4,8,18)	5.77(5.52;1,2,4,7,17)	6.79(6.31;1,2,5,9,20)
(1,1,1,1,0.25)	15.16(18.22;1,4,9,19,51)	5.42(6.27;1,2,4,7,14)	5.12(5.17;1,2,3,7,15)
(1,1,1,1.5,0.25)	7.14(7.26;1,2,5,10,21)	4.25(4.09;1,2,3,6,12)	4.33(4.11;1,1,3,6,12)
(1,1,1.5,1,0.25)	7.25(7.49;1,2,5,10,22)	3.94(4.01;1,1,3,5,12)	4.58(4.17;1,2,3,6,12)
(1,1,1.5,1.5,0.25)	4.42(4.09;1,2,3,6,12)	3.83(3.84;1,1,3,5,11)	4.10(3.78;1,2,3,5,12)
(0,0,1,1,0.75)	211.73(271.48;9,52,126,274,679)	368.68(452.23;24,100,225,468,1239)	365.41(461.84;15,82,203,442,1084)

表6.2(续表)

参数设置	Mathur控制图	Cucconi-Copula控制图	Lepage-Copula控制图
(0,0,1,1.5,0.75)	64.15(77.34;3,16,39,85,204)	36.51(40.52;2,10,23,48,115)	48.96(56.96;3,13,31,62,152)
(0,0,1.5,1,0.75)	62.95(71.51;3,16,40,84,195)	35.14(41.86;2,10,22,45,116)	51.69(58.13;3,13,34,72,151)
(0,0,1.5,1.5,0.75)	19.84(22.82;1,6,12,26,63)	19.72(21.03;2,6,13,26,57)	28.32(27.98;2,8,19,40,82)
(0,1,1,1,0.75)	80.45(112.98;3,17,43,98,287)	10.79(12.01;1,3,7,14,34)	10.31(12.64;1,3,6,13,33)
(0,1,1,1.5,0.75)	21.57(23.86;1,6,14,28,67)	6.88(6.93;1,2,4,9,21)	7.71(7.76;1,2,5,10,24)
(0,1,1.5,1,0.75)	16.26(19.46;1,5,10,21,52)	8.40(8.93;1,2,5,11,26)	8.79(10.32;1,2,6,11,28)
(0,1,1.5,1.5,0.75)	8.54(8.88;1,3,6,11,26)	5.99(5.44;1,2,4,8,16)	7.36(7.16;1,2,5,10,22)
(1,0,1,1,0.75)	81.96(115.31;3,17,44,100,278)	10.25(13.30;1,2,6,12,33)	10.12(12.12;1,3,6,13,34)
(1,0,1,1.5,0.75)	16.00(18.69;1,4,10,21,50)	8.01(8.51;1,3,6,11,21)	8.23(8.65;1,3,6,11,24)
(1,0,1.5,1,0.75)	21.71(24.06;1,6,14,29,69)	6.79(7.03;1,2,5,9,21)	8.13(8.77;1,2,6,10,23)
(1,0,1.5,1.5,0.75)	8.21(8.28;1,3,6,11,25)	5.89(5.68;1,2,4,8,18)	7.14(6.9;1,2,5,9,21)
(1,1,1,1,0.75)	22.97(26.85;1,6,14,30,73)	6.33(6.96;1,2,4,8,19)	6.14(6.67;1,2,4,8,19)
(1,1,1,1.5,0.75)	11.60(12.15;1,3,8,15,36)	4.82(4.45;1,2,3,6,14)	5.15(5.04;1,2,3,7,15)
(1,1,1.5,1,0.75)	11.90(12.57;1,4,8,16,36)	4.94(4.64;1,2,4,6,14)	5.18(5.21;1,2,3,7,16)
(1,1,1.5,1.5,0.75)	7.55(7.52;1,2,5,10,23)	4.24(3.66;1,2,3,6,11)	4.88(4.48;1,2,3,6,13)
(0,0,1,1,-0.5)	364.36(471.49;16,85,212,457,1207)	354.36(467.82;12,84,211,439,1174)	355.95(433.34;14,86,208,466,1084)
(0,0,1,1,0)	475.84(625.56;17,103,262,603,1676)	369.38(491.71;12,69,191,473,1295)	370.26(454.82;14,81,214,498,1206)

表 6.3　Mathur、Cucconi-Copula和Lepage-Copula控制图的性能比较，基于二元t分布(m=100，n=5和ARL_0=370.4)

参数设置	Mathur控制图	Cucconi-Copula控制图	Lepage-Copula控制图
$(\mu_1,\mu_2,\sigma_1,\sigma_2,\rho)$	$ARL(SDRL$;somepercentiles) UCL=181.5	$ARL(SDRL$;somepercentiles) UCL=6.22	$ARL(SDRL$;somepercentiles) UCL=6.33
(0,0,1,1,0.5)	369.27(472.15;15,81,214,469,1219)	376.44(511.75;16,93,214,460,1356)	362.28(456.91;16,84,212,436,1179)
(0,0,1,1.5,0.5)	127.52(177.31;5,26,70,154,444)	65.02(80.57;3,17,39,85,208)	85.55(114.76;4,20,51,109,267)
(0,0,1.5,1,0.5)	130.39(186.17;5,26,70,160,462)	66.71(73.07;3,15,41,80,192)	81.45(91.49;4,20,50,110,258)
(0,0,1.5,1.5,0.5)	39.91(59.19;2,8,21,48,140)	35.98(42.79;2,10,22,48,113)	44.40(50.47;3,12,28,59,139)
(0,1,1,1,0.5)	333.45(565.14;8,51,143,371,1274)	41.91(79.04;1,7,17,42,136)	31.43(57.86;1,6,15,35,112)
(0,1,1,1.5,0.5)	66.78(111.05;3,13,34,79,237)	16.32(21.56;1,4,9,20,55)	17.21(20.88;1,4,10,21,57)
(0,1,1.5,1,0.5)	64.86(118.92;3,12,30,72,231)	22.39(29.27;1,5,12,26,85)	21.38(28.18;1,5,12,27,74)
(0,1,1.5,1.5,0.5)	23.18(36.08;1,5,13,28,74)	14.01(17.31;1,3,8,17,42)	13.96(16.99;1,4,8,18,46)
(1,0,1,1,0.5)	331.59(552.74;9,51,143,360,1299)	41.65(61.45;2,7,20,49,160)	31.16(49.79;1,6,15,36,110)
(1,0,1,1.5,0.5)	66.06(118.95;2,12,31,71,235)	24.07(32.18;1,6,13,30,84)	22.53(29.79;1,5,13,28,75)
(1,0,1.5,1,0.5)	67.28(106.61;3,14,35,79,228)	16.50(20.67;1,5,9,20,52)	16.63(21.49;1,4,10,21,54)
(1,0,1.5,1.5,0.5)	22.78(30.93;1,5,13,28,77)	14.31(18.55;1,4,8,18,49)	14.25(17.41;1,4,9,18,41)
(1,1,1,1,0.5)	124.51(237.45;4,21,54,133,453)	19.57(31.95;1,4,9,20,81)	15.23(22.55;1,4,8,18,49)
(1,1,1,1.5,0.5)	34.91(55.99;2,7,18,39,122)	13.09(20.16;1,3,7,15,44)	10.68(18.08;1,3,6,13,33)

表6.3(续表)

参数设置	Mathu控制图	Cucconi-Copula控制图	Lepage-Copula控制图
(1,1,1.5,1,0.5)	36.12(69.9;2,7,18,41,123)	11.15(13.95;1,3,6,14,39)	11.07(14.16;1,3,7,14,37)
(1,1,1.5,1.5,0.5)	15.20(20.81;1,4,9,18,51)	9.08(11.16;1,3,6,11,26)	9.30(11.13;1,3,6,12,28)
(0,0,1,1,0.25)	404.52(526.94;15,90,230,508,1381)	362.62(517.68;13,69,186,409,1325)	338.85(439.95;15,76,190,434,1104)
(0,0,1,1.5,0.25)	120.83(171.02;4,23,62,148,422)	65.23(89.81;4,16,38,86,197)	79.02(101.6;4,20,48,98,268)
(0,0,1.5,1,0.25)	121.95(178.43;4,24,63,148,426)	66.68(78.54;4,15,40,87,208)	81.39(98.05;4,20,49,107,264)
(0,0,1.5,1.5,0.25)	36.60(56.66;2,8,20,43,125)	36.55(44.55;2,9,21,46,123)	43.95(51.35;2,11,27,58,141)
(0,1,1,1,0.25)	287.51(485.41;8,46,125,326,1079)	44.39(117.18;1,7,15,44,157)	31.71(54.91;1,6,15,35,112)
(0,1,1,1.5,0.25)	59.27(97.54;2,12,30,70,208)	16.72(22.12;1,4,10,21,53)	16.82(22.61;1,4,10,21,50)
(0,1,1.5,1,0.25)	59.99(116.42;2,11,29,66,208)	23.37(31.89;1,5,13,28,80)	21.31(30.8;1,4,12,26,71)
(0,1,1.5,1.5,0.25)	19.95(27.13;1,5,11,24,68)	12.93(16.89;1,3,7,16,44)	13.63(15.65;1,4,9,17,45)
(1,0,1,1,0.25)	312.01(537.1;9,48,130,335,1223)	40.55(70.16;2,8,19,45,137)	31.68(57.03;2,6,15,35,113)
(1,0,1,1.5,0.25)	55.07(89.27;2,11,28,64,190)	23.98(39.64;1,5,13,28,87)	22.37(31.16;1,5,12,27,78)
(1,0,1.5,1,0.25)	63.14(110.59;2,12,32,73,223)	15.20(18.07;1,4,9,19,51)	16.62(20.68;1,4,10,21,55)
(1,0,1.5,1.5,0.25)	20.43(27.25;1,5,11,25,70)	13.23(14.81;1,4,8,16,40)	13.19(14.43;1,4,9,17,39)
(1,1,1,1,0.25)	118.96(245.32;3,18,49,121,435)	17.68(25.04;1,3,9,19,73)	15.33(24.13;1,3,8,17,51)
(1,1,1,1.5,0.25)	30.82(48.63;2,6,15,36,106)	12.14(16.42;1,3,7,14,37)	10.88(13.72;1,3,7,13,36)
(1,1,1.5,1,0.25)	30.50(47.62;1,6,15,35,111)	12.57(19.29;1,3,6,15,43)	10.49(13.33;1,3,6,13,35)
(1,1,1.5,1.5,0.25)	13.24(17.52;1,3,8,16,44)	7.75(8.68;1,2,5,10,24)	8.47(9.98;1,2,5,11,26)
(0,0,1,1,0.75)	248.66(317.63;11,59,150,319,802)	361.40(487.04;13,81,200,449,1224)	362.72(464.69;15,84,216,456,1194)

表6.3(续表)

参数设置	Mathu控制图	Cucconi-Copula控制图	Lepage-Copula控制图
(0,0,1,1.5,0.75)	135.78(178.93;6,30,77,166,468)	70.21(94.67;3,14,39,89,248)	81.43(101.44;4,19,47,108,260)
(0,0,1.5,1,0.75)	138.6(191.61;6,31,78,169,475)	68.65(88.66;3,16,41,83,235)	81.70(94.46;4,20,50,108,274)
(0,0,1.5,1.5,0.75)	51.21(70.31;2,11,29,64,170)	38.84(50.07;2,9,24,50,132)	46.03(50.7;2,12,29,62,147)
(0,1,1,1,0.75)	383.54(626.67;10,60,168,427,1514)	40.67(78.63;1,7,17,43,147)	32.15(55.88;1,6,15,35,120)
(0,1,1,1.5,0.75)	76.20(113.49;3,16,40,90,266)	16.90(22.3;1,4,10,21,55)	17.39(21.79;1,4,10,22,61)
(0,1,1.5,1,0.75)	74.42(131.46;3,13,35,85,260)	27.13(34.61;1,6,15,35,84)	22.06(30.40;1,5,12,26,74)
(0,1,1.5,1.5,0.75)	28.86(43.1;1,6,15,34,97)	14.50(17.39;1,4,9,18,44)	14.42(16.80;1,4,9,19,45)
(1,0,1,1,0.75)	377.16(620.44;11,60,165,413,1474)	41.85(69.08;2,7,18,46,168)	31.93(54.74;1,6,15,34,116)
(1,0,1,1.5,0.75)	75.08(121.05;3,14,37,89,264)	28.18(36.03;1,6,15,33,98)	21.89(28.11;1,5,12,27,76)
(1,0,1.5,1,0.75)	76.73(115.57;3,15,39,92,274)	15.93(24.4;1,4,9,20,48)	16.26(21.06;1,4,10,21,51)
(1,0,1.5,1.5,0.75)	27.77(38.65;2,7,16,34,95)	12.62(13.4;1,4,8,16,38)	13.91(16.02;1,4,9,18,46)
(1,1,1,1,0.75)	136.09(240.95;4,24,63,150,505)	20.34(31.67;1,4,10,23,72)	16.32(24.24;1,4,8,20,55)
(1,1,1,1.5,0.75)	40.27(59.09;2,8,21,49,136)	11.91(15.66;1,3,7,15,36)	11.84(16.29;1,3,7,14,39)
(1,1,1.5,1,0.75)	41.18(68.39;2,9,22,50,142)	11.99(15.85;1,3,7,15,38)	11.59(14.03;1,3,7,15,39)
(1,1,1.5,1.5,0.75)	19.63(24.08;1,5,12,25,64)	9.38(12.60;1,2,6,11,29)	9.54(14.38;1,3,6,11,30)
(0,0,1,1,-0.5)	364.49(469.48;15,84,214,456,1225)	357.58(467.6;14,83,205,467,1125)	391.40(519.32;15,89,210,470,1400)
(0,0,1,1,0)	417.49(540.56;17,92,239,531,1428)	401.47(544.91;15,87,227,509,1410)	407.23(537.71;17,103,248,493,1294)

表 6.4 Mathur、Cucconi-Copula和Lepage-Copula控制图的性能比较，基于二元指数分布（$m=100$，$n=5$和$ARL_0=370.4$）

参数设置 $(\mu_1,\mu_2,\sigma_1,\sigma_2,\rho)$	Mathur控制图 ARL(SDRL;somepercentiles) $UCL=181.5$	Cucconi-Copula控制图 ARL(SDRL;somepercentiles) $UCL=6.22$	Lepage-Copula控制图 ARL(SDRL;somepercentiles) $UCL=6.33$
(0,0,1,1,0.5)	366.23(464.49;15,84,207,472,1213)	364.92(459.07;15,86,214,487,1290)	367.89(469.63;14,83,206,446,1203)
(0,0,1,1.5,0.5)	69.47(119.06;3,13,33,78,256)	8.55(8.27;1,3,6,12,26)	13.80(13.07;1,5,10,19,40)
(0,0,1.5,1,0.5)	67.40(120.15;2,13,32,75,242)	8.89(8.56;1,3,6,12,26)	14.24(13.91;1,5,10,19,42)
(0,0,1.5,1.5,0.5)	17.09(32.63;1,4,9,19,58)	5.62(5.59;1,2,4,7,18)	7.77(6.99;1,3,6,11,21)
(0,1,1,1,0.5)	118.02(170.79;6,28,67,146,393)	34.65(69.02;1,5,13,35,122)	25.55(57.67;1,4,10,27,85)
(0,1,1,1.5,0.5)	75.20(90.93;4,19,47,98,239)	26.20(38.53;1,6,15,31,89)	23.77(31.57;2,6,13,29,81)
(0,1,1.5,1,0.5)	24.03(38.15;1,5,12,28,86)	6.70(7.4;1,2,5,8,20)	7.32(8.26;1,2,4,10,23)
(0,1,1.5,1.5,0.5)	16.88(21.23;1,4,10,21,56)	7.29(7.44;1,2,5,9,22)	8.6(8.94;1,2,6,11,27)
(1,0,1,1,0.5)	120.34(171.1;5,27,68,147,403)	29.36(47.94;1,4,12,35,117)	23.39(54.52;1,4,10,24,84)
(1,0,1,1.5,0.5)	23.69(39.8;1,5,12,27,79)	7.08(7.82;1,2,4,9,22)	7.68(8.99;1,2,5,10,24)
(1,0,1.5,1,0.5)	78.46(97.88;4,20,48,101,255)	24.75(33.99;1,5,13,30,86)	22.56(28.58;2,6,13,27,78)
(1,0,1.5,1.5,0.5)	17.03(21.54;1,4,10,21,58)	6.86(7.16;1,2,5,9,20)	8.79(9.05;1,3,6,11,26)
(1,1,1,1,0.5)	28.94(31.96;2,8,19,39,89)	15.09(24.76;1,3,7,17,58)	11.83(34.44;1,2,5,12,37)
(1,1,1,1.5,0.5)	26.26(27.59;2,8,17,35,83)	14.12(20.24;1,3,8,17,49)	11.53(15.94;1,3,6,14,40)

表6.4(续表)

参数设置	Mathur控制图	Cucconi-Copula控制图	Lepage-Copula控制图
(1,1,1.5,1,0.5)	25.77(27.12;2,7,17,35,79)	13.92(21.78;1,3,7,16,50)	11.21(16.12;1,3,6,13,36)
(1,1,1.5,1.5,0.5)	23.35(24.02;2,7,16,32,70)	14.66(19.79;1,4,8,18,47)	12.63(18.19;1,3,7,16,40)
(0,0,1,1,0.25)	409.83(519.84;17,95,240,516,1391)	362.84(444.89;16,91,213,450,1204)	345.42(432.07;14,90,216,448,1109)
(0,0,1,1.5,0.25)	71.01(124.91;3,13,32,78,271)	9.72(9.07;1,3,7,13,29)	15.12(15.09;1,5,11,21,44)
(0,0,1.5,1,0.25)	70.29(120.38;3,12,32,75,262)	10.44(10.67;1,3,7,13,28)	14.30(13.44;1,5,10,19,40)
(0,0,1.5,1.5,0.25)	16.39(27.85;1,4,8,18,57)	5.41(4.88;1,2,4,7,15)	7.89(7.43;1,3,6,11,22)
(0,1,1,1,0.25)	93.74(128.62;4,23,57,121,301)	31.56(62.74;1,5,12,34,112)	23.68(43.67;1,3,9,24,87)
(0,1,1,1.5,0.25)	65.5(75.37;4,17,41,84,214)	24.21(36.86;1,5,13,29,79)	22.87(32.54;1,5,12,28,74)
(0,1,1.5,1,0.25)	22.91(35.53;1,5,12,28,78)	7.21(6.73;1,2,5,10,20)	8.04(9.18;1,2,5,10,25)
(0,1,1.5,1.5,0.25)	18.20(22.45;1,5,11,23,58)	6.84(6.93;1,2,5,9,19)	8.41(8.63;1,2,6,11,25)
(1,0,1,1,0.25)	94.88(122.52;4,21,54,118,325)	30.87(52.15;1,5,14,34,114)	22.70(57.78;1,4,9,24,83)
(1,0,1,1.5,0.25)	23.28(38.8;1,5,13,27,76)	6.98(7.34;1,2,5,9,20)	8.08(8.73;1,2,5,11,25)
(1,0,1.5,1,0.25)	66.12(73.99;3,17,42,89,205)	24.72(29.42;1,6,15,32,87)	23.78(35.48;1,6,14,28,78)
(1,0,1.5,1.5,0.25)	18.53(22.66;1,5,11,24,60)	6.38(6.05;1,2,4,9,18)	8.74(8.81;1,3,6,12,26)
(1,1,1,1,0.25)	25.72(29.79;2,7,16,33,81)	15.04(28.13;1,3,6,15,53)	10.50(18.58;1,2,5,12,39)
(1,1,1,1.5,0.25)	21.68(23.59;1,6,14,29,68)	13.79(22.89;1,3,8,15,46)	11.74(17.04;1,3,6,14,39)
(1,1,1.5,1,0.25)	21.56(23.56;1,6,14,29,67)	14.32(23.54;1,4,8,16,43)	10.65(16.98;1,3,6,12,36)
(1,1,1.5,1.5,0.25)	18.92(19.3;1,6,13,26,56)	14.94(21.28;1,4,8,18,50)	11.69(14.57;1,3,7,15,36)
(0,0,1,1,0.75)	247.84(332.85;11,56,140,311,835)	226.47(282.67;9,57,138,279,728)	259.24(309.57;12,64,157,331,866)

表6.4(续表)

参数设置	Mathur控制图	Cucconi-Copula控制图	Lepage-Copula控制图
(0,0,1,1.5,0.75)	77.49(139.47;3,14,36,85,277)	9.73(9.43;1,3,7,13,29)	15.90(16.05;1,5,11,22,49)
(0,0,1.5,1,0.75)	73.64(113.35;3,14,37,86,266)	10.48(9.86;1,3,7,15,31)	15.21(15.18;1,5,10,20,47)
(0,0,1.5,1.5,0.75)	19.83(30.7;1,4,10,23,67)	5.75(5.37;1,2,4,8,17)	8.58(7.97;1,3,6,12,25)
(0,1,1,1,0.75)	164.14(221.02;6,35,91,201,549)	41.22(87.99;1,5,15,40,164)	23.39(45.2;1,3,10,25,85)
(0,1,1,1.5,0.75)	89.27(106.01;4,22,55,118,290)	26.29(32.82;2,5,16,33,87)	23.60(30.71;2,6,13,30,77)
(0,1,1.5,1,0.75)	26.19(46.75;1,5,12,30,92)	7.05(6.47;1,2,5,10,21)	7.68(8.3;1,2,5,10,25)
(0,1,1.5,1.5,0.75)	18.24(24.6;1,4,11,22,60)	6.70(6.84;1,2,5,9,19)	8.64(9.34;1,2,6,11,26)
(1,0,1,1,0.75)	161.85(217.15;6,36,89,202,554)	39.83(98.43;1,5,14,35,141)	23.58(73.04;1,4,10,25,77)
(1,0,1,1.5,0.75)	26.87(53.28;1,5,13,29,97)	6.82(6.99;1,2,4,9,20)	7.70(8.13;1,2,5,10,23)
(1,0,1.5,1,0.75)	86.48(102.54;4,21,52,112,285)	24.52(31.65;1,5,13,30,92)	24.19(33.1;2,6,13,29,83)
(1,0,1.5,1.5,0.75)	19.11(25.82;1,5,11,23,62)	7.06(7.09;1,2,5,9,20)	8.55(8.49;1,3,6,11,25)
(1,1,1,1,0.75)	31.43(34.25;2,9,21,41,98)	18.71(45.52;1,3,7,18,68)	11.75(22.45;1,2,5,12,40)
(1,1,1,1.5,0.75)	31.71(33.28;2,9,21,43,97)	16.51(24.06;1,3,9,19,56)	12.63(17.85;1,3,7,15,41)
(1,1,1.5,1,0.75)	30.87(31.63;2,9,21,42,92)	17.17(31.42;1,4,9,19,58)	11.88(16.74;1,2,6,15,39)
(1,1,1.5,1.5,0.75)	29.33(30.1;2,8,20,40,87)	14.78(17.64;1,4,9,20,45)	12.82(15.75;1,3,8,16,45)
(0,0,1,1,-0.5)	146.60(207.29;5,29,77,181,521)	249.43(271.02;10,66,161,314,818)	381.30(418.93;18,86,244,548,1118)
(0,0,1,1,0)	373.28(481.68;14,82,212,478,1267)	276.70(319.73;12,67,176,374,901)	392.05(436.17;19,89,252,583,1200)

表 6.5 Mathur、Cucconi-Copula和Lepage-Copula控制图的性能比较，基于二元正态分布(m=100,n=25和ARL_0=370.4)

参数设置	Mathur控制图	Cucconi-Copula控制图	Lepage-Copula控制图
$(\mu_1,\mu_2,\sigma_1,\sigma_2,\rho)$	$ARL(SDRL$;somepercentiles) UCL=447	$ARL(SDRL$;somepercentiles) UCL=5.81	$ARL(SDRL$;somepercentiles) UCL=6.00
(0,0,1,1,0.5)	367.08(516.48;10,65,186,454,1322)	365.45(547.30;11,65,176,434,1369)	371.70(557.99;10,65,191,460,1310)
(0,0,1,1.5,0.5)	14.64(26.81;1,3,7,16,52)	7.05(8.87;1,2,4,8,23)	12.74(17.73;1,3,7,16,40)
(0,0,1.5,1,0.5)	14.62(27.88;1,3,7,16,52)	7.26(9.68;1,2,4,8,25)	12.02(16.31;1,3,7,15,41)
(0,0,1.5,1.5,0.5)	2.10(2.06;1,1,1,2,6)	3.28(3.59;1,1,2,4,9)	5.88(7.02;1,2,3,7,20)
(0,1,1,1,0.5)	11.24(22.4;1,2,5,12,40)	1.22(0.59;1,1,1,1,2)	1.22(0.66;1,1,1,1,2)
(0,1,1,1.5,0.5)	2.81(2.99;1,1,2,3,8)	1.26(0.65;1,1,1,1,3)	1.36(0.75;1,1,1,1,3)
(0,1,1.5,1,0.5)	1.73(1.36;1,1,1,2,4)	1.14(0.44;1,1,1,1,2)	1.20(0.53;1,1,1,1,2)
(0,1,1.5,1.5,0.5)	1.26(0.62;1,1,1,1,2)	1.17(0.48;1,1,1,1,2)	1.29(0.68;1,1,1,1,3)
(1,0,1,1,0.5)	11.65(25.9;1,2,5,12,42)	1.21(0.61;1,1,1,1,2)	1.22(0.54;1,1,1,1,2)
(1,0,1,1.5,0.5)	1.71(1.36;1,1,1,2,4)	1.17(0.46;1,1,1,1,2)	1.23(0.67;1,1,1,1,2)
(1,0,1.5,1,0.5)	2.81(2.86;1,1,2,3,8)	1.25(0.63;1,1,1,1,2)	1.33(0.68;1,1,1,1,3)
(1,0,1.5,1.5,0.5)	1.24(0.59;1,1,1,1,2)	1.14(0.41;1,1,1,1,2)	1.31(0.68;1,1,1,1,3)
(1,1,1,1,0.5)	2.86(3.11;1,1,2,3,8)	1.07(0.30;1,1,1,1,2)	1.08(0.32;1,1,1,1,2)
(1,1,1,1.5,0.5)	1.50(1;1,1,1,2,3)	1.06(0.27;1,1,1,1,1)	1.08(0.31;1,1,1,1,2)
(1,1,1.5,1,0.5)	1.51(1.01;1,1,1,2,3)	1.07(0.29;1,1,1,1,2)	1.09(0.33;1,1,1,1,2)

表6.5(续表)

参数设置	Mathur控制图	Cucconi-Copula控制图	Lepage-Copula控制图
(1,1,1.5,1.5,0.5)	1.17(0.49;1,1,1,1,2)	1.07(0.26;1,1,1,1,2)	1.12(0.39;1,1,1,1,2)
(0,0,1,1,0.25)	428.81(637.13;9,66,201,517,1612)	319.82(478.81;9,49,151,382,1206)	317.15(464.24;8,63,176,420,1214)
(0,0,1,1.5,0.25)	10.15(19.18;1,2,5,11,35)	7.32(10.6;1,2,4,8,25)	12.76(18.01;1,3,7,16,45)
(0,0,1.5,1,0.25)	9.95(21.46;1,2,5,11,34)	7.37(12.28;1,2,4,9,23)	12.17(13.30;1,3,7,14,37)
(0,0,1.5,1.5,0.25)	1.72(1.35;1,1,1,2,4)	3.56(3.79;1,1,2,4,11)	6.19(8.37;1,2,4,7,20)
(0,1,1,1,0.25)	9.77(20.11;1,2,5,10,34)	1.21(0.71;1,1,1,1,2)	1.23(0.57;1,1,1,1,2)
(0,1,1,1.5,0.25)	2.48(2.5;1,1,2,3,7)	1.26(0.59;1,1,1,1,2)	1.37(0.76;1,1,1,2,3)
(0,1,1.5,1,0.25)	1.62(1.17;1,1,1,2,4)	1.14(0.4;1,1,1,1,2)	1.21(0.57;1,1,1,1,2)
(0,1,1.5,1.5,0.25)	1.19(0.52;1,1,1,1,2)	1.20(0.56;1,1,1,1,2)	1.30(0.70;1,1,1,1,3)
(1,0,1,1,0.25)	10.30(23.92;1,2,4,10,36)	1.19(0.54;1,1,1,1,2)	1.21(0.51;1,1,1,1,2)
(1,0,1,1.5,0.25)	1.65(1.26;1,1,1,2,4)	1.19(0.57;1,1,1,1,2)	1.24(0.61;1,1,1,1,2)
(1,0,1.5,1,0.25)	2.48(2.48;1,1,2,3,7)	1.23(0.53;1,1,1,1,2)	1.37(0.77;1,1,1,2,3)
(1,0,1.5,1.5,0.25)	1.20(0.53;1,1,1,1,2)	1.18(0.46;1,1,1,1,2)	1.30(0.68;1,1,1,1,3)
(1,1,1,1,0.25)	2.02(1.96;1,1,1,2,5)	1.05(0.24;1,1,1,1,1)	1.06(0.26;1,1,1,1,2)
(1,1,1,1.5,0.25)	1.28(0.67;1,1,1,1,3)	1.05(0.25;1,1,1,1,1)	1.06(0.27;1,1,1,1,2)
(1,1,1.5,1,0.25)	1.28(0.68;1,1,1,1,3)	1.05(0.24;1,1,1,1,1)	1.06(0.29;1,1,1,1,2)
(1,1,1.5,1.5,0.25)	1.08(0.31;1,1,1,1,2)	1.07(0.29;1,1,1,1,2)	1.10(0.35;1,1,1,1,2)
(0,0,1,1,0.75)	215.28(316.06;6,36,104,262,800)	375.58(552.97;9,59,178,464,1470)	370.93(487.6;11,68,194,483,1349)
(0,0,1,1.5,0.75)	28.48(47.27;1,5,13,32,104)	7.16(11.38;1,2,4,8,23)	12.41(20.12;1,3,7,16,41)

表6.5(续表)

参数设置	Mathur控制图	Cucconi-Copula控制图	Lepage-Copula控制图
(0,0,1.5,1,0.75)	29.48(50.91;1,5,14,33,109)	6.91(10.49;1,2,4,8,24)	12.81(17.72;1,3,8,16,50)
(0,0,1.5,1.5,0.75)	3.51(3.82;1,1,2,4,10)	3.81(4.95;1,1,2,5,11)	6.22(7.14;1,2,4,8,21)
(0,1,1,1,0.75)	15.46(35.62;1,3,6,15,57)	1.22(0.58;1,1,1,1,2)	1.23(0.63;1,1,1,1,2)
(0,1,1,1.5,0.75)	3.67(4.39;1,1,2,4,11)	1.24(0.68;1,1,1,1,2)	1.34(0.83;1,1,1,1,3)
(0,1,1.5,1,0.75)	1.91(1.78;1,1,1,2,5)	1.15(0.46;1,1,1,1,2)	1.20(0.64;1,1,1,1,2)
(0,1,1.5,1.5,0.75)	1.39(0.83;1,1,1,2,3)	1.17(0.49;1,1,1,1,2)	1.29(0.65;1,1,1,1,3)
(1,0,1,1,0.75)	15.54(36.52;1,3,6,15,59)	1.22(0.66;1,1,1,1,2)	1.23(0.62;1,1,1,1,2)
(1,0,1,1.5,0.75)	1.92(1.78;1,1,1,2,5)	1.14(0.43;1,1,1,1,2)	1.19(0.55;1,1,1,1,2)
(1,0,1.5,1,0.75)	3.69(4.24;1,1,2,4,11)	1.24(0.59;1,1,1,1,2)	1.36(0.82;1,1,1,1,3)
(1,0,1.5,1.5,0.75)	1.39(0.83;1,1,1,2,3)	1.17(0.46;1,1,1,1,2)	1.27(0.59;1,1,1,1,2)
(1,1,1,1,0.75)	4.75(5.69;1,1,3,6,15)	1.09(0.33;1,1,1,1,2)	1.12(0.39;1,1,1,1,2)
(1,1,1,1.5,0.75)	2.09(1.78;1,1,1,2,5)	1.09(0.33;1,1,1,1,2)	1.10(0.37;1,1,1,1,2)
(1,1,1.5,1,0.75)	2.06(1.74;1,1,1,2,5)	1.10(0.33;1,1,1,1,2)	1.10(0.37;1,1,1,1,2)
(1,1,1.5,1.5,0.75)	1.43(0.84;1,1,1,2,3)	1.09(0.33;1,1,1,1,2)	1.15(0.46;1,1,1,1,2)
(0,0,1,1,-0.5)	363.07(518.79;11,65,182,444,1331)	4.70(6.45;1,1,3,6,15)	8.74(34.92;1,2,3,7,31)
(0,0,1,1,0)	439.3(672.93;9,64,193,523,1704)	155.06(203.83;5,31,84,194,542)	180.55(263.16;6,37,100,221,625)

表 6.6　Mathur、Cucconi-Copula和Lepage-Copula控制图的性能比较，基于二元t分布(m=100,n=25和ARL_0=370.4)

参数设置	Mathur控制图	Cucconi-Copula控制图	Lepage-Copula控制图
$(\mu_1,\mu_2,\sigma_1,\sigma_2,\rho)$	ARL($SDRL$;somepercentiles) UCL=447	ARL($SDRL$;somepercentiles) UCL=5.81	ARL($SDRL$;somepercentiles) UCL=6.00
(0,0,1,1,0.5)	364.90(520.02;11,64,182,453,1318)	357.34(534.31;10,59,166,421,1318)	367.88(539.71;10,62,184,458,1280)
(0,0,1,1.5,0.5)	47.22(122.24;1,6,15,42,188)	18.65(32.32;1,3,8,20,68)	31.66(74.88;1,5,13,32,109)
(0,0,1.5,1,0.5)	46.40(109.64;1,5,15,42,183)	18.63(30.22;1,3,8,21,74)	30.04(67.68;1,5,12,29,105)
(0,0,1.5,1.5,0.5)	5.17(8.46;1,1,3,6,17)	8.50(12.55;1,2,4,10,30)	13.86(20.73;1,3,7,15,51)
(0,1,1,1,0.5)	85.66(302.68;1,5,16,51,339)	1.98(1.99;1,1,1,2,5)	2.20(2.9;1,1,1,2,6)
(0,1,1,1.5,0.5)	7.96(16.09;1,2,4,8,28)	1.91(1.88;1,1,1,2,5)	1.98(1.99;1,1,1,2,5)
(0,1,1.5,1,0.5)	4.93(10.95;1,1,2,5,16)	1.81(1.61;1,1,1,2,5)	1.94(1.93;1,1,1,2,6)
(0,1,1.5,1.5,0.5)	2.06(2.25;1,1,1,2,5)	1.77(1.5;1,1,1,2,5)	1.96(1.99;1,1,1,2,5)
(1,0,1,1,0.5)	81.98(282.48;1,6,17,53,312)	2.05(2.71;1,1,1,2,5)	2.25(2.77;1,1,1,2,6)
(1,0,1,1.5,0.5)	4.98(11.83;1,1,2,5,16)	1.79(1.58;1,1,1,2,4)	1.88(1.92;1,1,1,2,4)
(1,0,1.5,1,0.5)	8.07(25.42;1,2,4,8,26)	1.82(1.51;1,1,1,2,4)	2.04(1.97;1,1,1,2,6)
(1,0,1.5,1.5,0.5)	2.03(2.07;1,1,1,2,5)	1.76(1.53;1,1,1,2,4)	1.92(1.78;1,1,1,2,5)
(1,1,1,1,0.5)	12.16(63.28;1,2,4,10,37)	1.42(1;1,1,1,1,3)	1.50(1.21;1,1,1,2,3)
(1,1,1,1.5,0.5)	2.95(5.06;1,1,2,3,9)	1.35(0.85;1,1,1,1,3)	1.38(0.79;1,1,1,2,3)
(1,1,1.5,1,0.5)	2.87(4.32;1,1,2,3,8)	1.35(0.89;1,1,1,1,3)	1.41(0.88;1,1,1,2,3)

表6.6(续表)

参数设置	Mathur控制图	Cucconi-Copula控制图	Lepage-Copula控制图
(1,1,1.5,1.5,0.5)	1.61(1.37;1,1,1,2,4)	1.33(0.86;1,1,1,1,3)	1.44(0.99;1,1,1,2,3)
(0,0,1,1,0.25)	399.57(595.03;10,64,191,483,1439)	309.00(442.4;8,50,148,386,1116)	333.88(498.28;10,62,175,448,1318)
(0,0,1,1.5,0.25)	33.78(79.46;1,4,11,31,134)	18.34(39.57;1,3,8,18,65)	26.47(45.95;1,5,12,29,100)
(0,0,1.5,1,0.25)	33.16(84.07;1,4,11,30,124)	19.92(48.87;1,3,8,19,76)	26.14(44.38;1,5,12,29,95)
(0,0,1.5,1.5,0.25)	3.87(6.21;1,1,2,4,12)	8.28(12.62;1,2,4,10,30)	12.61(19.4;1,3,6,14,42)
(0,1,1,1,0.25)	63.71(251.1;1,4,13,40,235)	1.96(2.25;1,1,1,2,5)	2.37(7.3;1,1,1,2,6)
(0,1,1,1.5,0.25)	6.56(13.95;1,1,3,7,23)	1.83(1.76;1,1,1,2,5)	2.15(2.86;1,1,1,2,6)
(0,1,1.5,1,0.25)	4.32(8.93;1,1,2,4,14)	1.84(1.81;1,1,1,2,5)	1.97(1.78;1,1,1,2,5)
(0,1,1.5,1.5,0.25)	1.88(1.82;1,1,1,2,5)	1.73(1.63;1,1,1,2,4)	1.86(1.78;1,1,1,2,5)
(1,0,1,1,0.25)	65.38(241.81;1,5,14,43,241)	2.02(3.10;1,1,1,2,6)	2.16(2.75;1,1,1,2,6)
(1,0,1,1.5,0.25)	4.07(11.01;1,1,2,4,13)	1.81(1.61;1,1,1,2,5)	2.07(2.05;1,1,1,2,6)
(1,0,1.5,1,0.25)	6.58(12.2;1,1,3,7,23)	1.77(1.64;1,1,1,2,4)	2.10(2.44;1,1,1,2,5)
(1,0,1.5,1.5,0.25)	1.80(1.66;1,1,1,2,5)	1.68(1.59;1,1,1,2,4)	1.93(1.79;1,1,1,2,5)
(1,1,1,1,0.25)	8.68(65.25;1,1,3,7,26)	1.35(0.84;1,1,1,1,3)	1.37(0.93;1,1,1,1,3)
(1,1,1,1.5,0.25)	2.21(2.57;1,1,1,2,6)	1.33(0.87;1,1,1,1,3)	1.38(1;1,1,1,1,3)
(1,1,1.5,1,0.25)	2.15(2.4;1,1,1,2,6)	1.26(0.7;1,1,1,1,2)	1.34(0.91;1,1,1,1,3)
(1,1,1.5,1.5,0.25)	1.39(0.93;1,1,1,1,3)	1.31(0.76;1,1,1,1,3)	1.38(1;1,1,1,1,3)
(0,0,1,1,0.75)	251.56(370.84;7,43,122,308,918)	365.12(513.12;9,59,174,466,1387)	368.26(538.08;11,72,221,494,1377)
(0,0,1,1.5,0.75)	73.37(144.53;2,10,28,76,296)	19.35(44.44;1,3,7,19,69)	29.74(62.20;1,5,12,29,113)

表6.6(续表)

参数设置	Mathur控制图	Cucconi-Copula控制图	Lepage-Copula控制图
(0,0,1.5,1,0.75)	76.85(151.5;2,10,28,77,313)	19.18(32.71;1,3,8,20,78)	30.51(66.33;1,4,13,32,111)
(0,0,1.5,1.5,0.75)	8.99(15.97;1,2,4,10,31)	9.04(13.86;1,2,4,10,31)	13.14(19.71;1,3,7,15,45)
(0,1,1,1,0.75)	115.82(344.23;2,8,23,80,497)	2.04(2.29;1,1,1,2,6)	2.06(2.31;1,1,1,2,6)
(0,1,1,1.5,0.75)	11.93(34.49;1,2,5,11,41)	1.90(1.80;1,1,1,2,5)	2.05(2.48;1,1,1,2,5)
(0,1,1.5,1,0.75)	6.4(15.11;1,1,3,6,22)	1.85(1.75;1,1,1,2,4)	1.93(2.09;1,1,1,2,5)
(0,1,1.5,1.5,0.75)	2.59(3.42;1,1,2,3,7)	1.73(1.45;1,1,1,2,4)	1.96(2.04;1,1,1,2,5)
(1,0,1,1,0.75)	120.47(364.37;2,8,25,82,525)	2.05(1.94;1,1,1,2,6)	2.13(2.70;1,1,1,2,6)
(1,0,1,1.5,0.75)	6.68(25.59;1,1,3,6,23)	1.96(2.22;1,1,1,2,5)	2.10(2.54;1,1,1,2,6)
(1,0,1.5,1,0.75)	12.09(41.45;1,2,5,12,43)	1.89(2.09;1,1,1,2,5)	2.06(1.98;1,1,1,2,6)
(1,0,1.5,1.5,0.75)	2.57(3.03;1,1,2,3,7)	1.66(1.4;1,1,1,2,4)	1.89(1.67;1,1,1,2,5)
(1,1,1,1,0.75)	22.47(66.01;1,3,7,20,85)	1.52(1.14;1,1,1,2,3)	1.52(1.2;1,1,1,2,3)
(1,1,1,1.5,0.75)	4.57(8.67;1,1,2,5,14)	1.37(0.91;1,1,1,1,3)	1.45(1.11;1,1,1,2,3)
(1,1,1.5,1,0.75)	4.56(8.12;1,1,2,5,14)	1.41(0.87;1,1,1,2,3)	1.50(1.32;1,1,1,2,4)
(1,1,1.5,1.5,0.75)	2.22(2.33;1,1,1,3,6)	1.43(1.02;1,1,1,1,3)	1.46(1.18;1,1,1,2,3)
(0,0,1,1,-0.5)	372.10(546.71;10,64,184,456,1331)	7.70(23.63;1,2,3,7,24)	9.15(19.92;1,2,4,9,31)
(0,0,1,1,0)	423.03(636.35;9,64,194,504,1618)	171.93(251.14;6,34,87,201,656)	181.59(269.84;5,33,91,210,645)

表 6.7 Mathur、Cucconi-Copula 和 Lepage-Copula 控制图的性能比较，基于二元指数分布（$m=100$，$n=25$ 和 $ARL_0=370.4$）

参数设置	Mathur 控制图		Cucconi-Copula 控制图		Lepage-Copula 控制图	
$(\mu_1,\mu_2,\sigma_1,\sigma_2,\rho)$	$ARL(SDRL;\text{somepercentiles})$	$UCL=447$	$ARL(SDRL;\text{somepercentiles})$	$UCL=5.81$	$ARL(SDRL;\text{somepercentiles})$	$UCL=6.00$
(0,0,1,1,0.5)	376.50(539.82;10,63,189,465,1371)		371.10(542.74;11,65,178,456,1385)		367.08(536.85;10,63,185,459,1285)	
(0,0,1,1.5,0.5)	10.82(25.01;1,2,5,11,36)		1.65(1.15;1,1,1,2,4)		2.57(2.17;1,1,2,3,7)	
(0,0,1.5,1,0.5)	11.01(40.53;1,2,5,11,37)		1.72(1.27;1,1,1,2,4)		2.49(2.17;1,1,2,3,7)	
(0,0,1.5,1.5,0.5)	1.77(1.59;1,1,1,2,4)		1.26(0.58;1,1,1,1,2)		1.64(1.03;1,1,1,2,4)	
(0,1,1,1,0.5)	60.54(136.18;2,8,21,58,236)		1.00(0;1,1,1,1,1)		1.00(0;1,1,1,1,1)	
(0,1,1,1.5,0.5)	47.49(80.17;2,8,22,53,177)		1.23(0.75;1,1,1,1,2)		1.26(0.87;1,1,1,1,3)	
(0,1,1.5,1,0.5)	2.04(2.08;1,1,1,2,6)		1.00(0;1,1,1,1,1)		1.00(0;1,1,1,1,1)	
(0,1,1.5,1.5,0.5)	2.24(2.17;1,1,1,3,6)		1.05(0.27;1,1,1,1,1)		1.11(0.39;1,1,1,1,2)	
(1,0,1,1,0.5)	58.55(123.69;2,8,22,58,229)		1.00(0;1,1,1,1,1)		1.00(0;1,1,1,1,1)	
(1,0,1,1.5,0.5)	2.06(2.23;1,1,1,2,5)		1.00(0;1,1,1,1,1)		1.00(0;1,1,1,1,1)	
(1,0,1.5,1,0.5)	45.69(72.95;2,8,21,52,171)		1.23(0.72;1,1,1,1,2)		1.25(0.96;1,1,1,1,3)	
(1,0,1.5,1.5,0.5)	2.22(2.11;1,1,1,3,6)		1.05(0.22;1,1,1,1,2)		1.08(0.4;1,1,1,1,2)	
(1,1,1,1,0.5)	14.62(20.41;1,3,8,18,49)		1.00(0;1,1,1,1,1)		1.00(0;1,1,1,1,1)	
(1,1,1,1.5,0.5)	15.73(20.33;1,4,9,20,52)		1.00(0;1,1,1,1,1)		1.00(0;1,1,1,1,1)	
(1,1,1.5,1,0.5)	15.92(20.07;1,4,10,20,53)		1.00(0;1,1,1,1,1)		1.00(0;1,1,1,1,1)	

表6.7(续表)

参数设置	Mathur控制图	Cucconi-Copula控制图	Lepage-Copula控制图
(1,1,1.5,1.5,0.5)	17.12(20.54;1,4,10,22,57)	1.07(0.36;1,1,1,1,2)	1.06(0.31;1,1,1,1,1)
(0,0,1,1,0.25)	420.13(605.98;11,70,203,518,1586)	308.06(404.98;8,56,160,390,1126)	332.25(484.42;9,59,160,391,1209)
(0,0,1,1.5,0.25)	1.36(0.79;1,1,1,1,3)	1.03(0.18;1,1,1,1,1)	1.13(0.39;1,1,1,1,2)
(0,0,1.5,1,0.25)	1.35(0.79;1,1,1,1,3)	1.03(0.18;1,1,1,1,1)	1.11(0.35;1,1,1,1,2)
(0,0,1.5,1.5,0.25)	1(0.07;1,1,1,1,1)	1.00(0.05;1,1,1,1,1)	1.01(0.1;1,1,1,1,1)
(0,1,1,1,0.25)	49.15(98.73;2,7,19,51,185)	1.00(0;1,1,1,1,1)	1.00(0;1,1,1,1,1)
(0,1,1,1.5,0.25)	4.95(6.57;1,1,3,6,16)	1.89(1.59;1,1,1,2,5)	2.81(2.95;1,1,2,3,8)
(0,1,1.5,1,0.25)	1.07(0.28;1,1,1,1,2)	1.00(0;1,1,1,1,1)	1.00(0;1,1,1,1,1)
(0,1,1.5,1.5,0.25)	1.02(0.13;1,1,1,1,1)	1.01(0.11;1,1,1,1,1)	1.06(0.25;1,1,1,1,2)
(1,0,1,1,0.25)	49.59(94.57;1,7,19,51,195)	1.00(0;1,1,1,1,1)	1.00(0;1,1,1,1,1)
(1,0,1,1.5,0.25)	1.06(0.28;1,1,1,1,2)	1.00(0;1,1,1,1,1)	1.00(0;1,1,1,1,1)
(1,0,1.5,1,0.25)	4.82(6.1;1,1,3,6,15)	1.92(1.51;1,1,1,2,5)	2.75(2.96;1,1,2,3,7)
(1,0,1.5,1.5,0.25)	1.02(0.13;1,1,1,1,1)	1.01(0.09;1,1,1,1,1)	1.06(0.26;1,1,1,1,2)
(1,1,1,1,0.25)	7.83(11.72;1,2,4,9,26)	1.00(0;1,1,1,1,1)	1.00(0;1,1,1,1,1)
(1,1,1,1.5,0.25)	2.84(3;1,1,2,3,8)	1.00(0;1,1,1,1,1)	1.00(0;1,1,1,1,1)
(1,1,1.5,1,0.25)	2.81(2.81;1,1,2,3,8)	1.00(0;1,1,1,1,1)	1.00(0;1,1,1,1,1)
(1,1,1.5,1.5,0.25)	1.48(0.94;1,1,1,2,3)	1.37(0.89;1,1,1,1,3)	1.67(1.17;1,1,1,2,4)
(0,0,1,1,0.75)	253.94(357.48;7,47,129,318,924)	231.93(377.15;8,42,124,292,787)	271.25(384.33;12,63,173,354,1013)
(0,0,1,1.5,0.75)	1.55(1.04;1,1,1,2,4)	1.03(0.17;1,1,1,1,1)	1.09(0.32;1,1,1,1,2)

表6.7(续表)

参数设置	Mathur控制图	Cucconi-Copula控制图	Lepage-Copula控制图
(0,0,1.5,1,0.75)	1.55(1.08;1,1,1,2,4)	1.03(0.18;1,1,1,1,1)	1.11(0.34;1,1,1,1,2)
(0,0,1.5,1.5,0.75)	1.01(0.11;1,1,1,1,1)	1.00(0.03;1,1,1,1,1)	1.02(0.17;1,1,1,1,1)
(0,1,1,1,0.75)	81.69(189.29;2,9,26,77,346)	1.00(0;1,1,1,1,1)	1.00(0;1,1,1,1,1)
(0,1,1,1.5,0.75)	5.16(6.9;1,1,3,6,17)	1.81(1.33;1,1,1,2,4)	2.55(2.42;1,1,2,3,7)
(0,1,1.5,1,0.75)	1.02(0.16;1,1,1,1,1)	1.00(0;1,1,1,1,1)	1.00(0;1,1,1,1,1)
(0,1,1.5,1.5,0.75)	1.02(0.15;1,1,1,1,1)	1.01(0.11;1,1,1,1,1)	1.05(0.22;1,1,1,1,1)
(1,0,1,1,0.75)	80.02(185.25;2,9,26,76,316)	1.00(0;1,1,1,1,1)	1.00(0;1,1,1,1,1)
(1,0,1,1.5,0.75)	1.02(0.16;1,1,1,1,1)	1.00(0;1,1,1,1,1)	1.00(0;1,1,1,1,1)
(1,0,1.5,1,0.75)	5.05(7.41;1,1,3,6,16)	1.84(1.56;1,1,1,2,5)	2.52(2.5;1,1,2,3,7)
(1,0,1.5,1.5,0.75)	1.02(0.16;1,1,1,1,1)	1.00(0.07;1,1,1,1,1)	1.05(0.22;1,1,1,1,1)
(1,1,1,1,0.75)	27.22(35.03;2,6,16,34,93)	1.00(0;1,1,1,1,1)	1.00(0;1,1,1,1,1)
(1,1,1,1.5,0.75)	3.83(4.66;1,1,2,5,12)	1.00(0;1,1,1,1,1)	1.00(0;1,1,1,1,1)
(1,1,1.5,1,0.75)	3.81(4.46;1,1,2,5,11)	1.00(0;1,1,1,1,1)	1.00(0;1,1,1,1,1)
(1,1,1.5,1.5,0.75)	1.65(1.23;1,1,1,2,4)	1.31(0.67;1,1,1,1,3)	1.61(1.1;1,1,1,2,4)
(0,0,1,1,-0.5)	60.24(140.76;2,7,19,55,240)	6.26(8.25;1,2,3,8,20)	9.39(17.52;1,2,4,10,35)
(0,0,1,1,0)	368.07(552.38;9,57,173,443,1366)	132.10(209.47;4,26,65,159,513)	152.19(228.28;5,26,72,176,582)

从表6.2至表6.7可以得出以下结论。

1) 当过程分布是二元正态分布时，对于$m = 100$和$n = 5$，由表6.2可知在大部分情况下Cucconi-Copula控制图的性能是最优的。当两个边缘分布的方差发生漂移，而均值不变，无论相关系数是否发生漂移，Mathur控制图均优于其他控制图。如果只有相关系数向上漂移（即$\rho = 0.75$），Mathur控制图也明显具有更好的性能表现。当任何一个或者两个均值参数发生漂移，或者只有相关系数向下漂移（即$\rho = 0.25$），Lepage-Copula控制图表现最优。进一步，对于二元正态分布，当$m = 100$和$n = 25$时，由表6.5可知Cucconi-Copula控制图的整体性能最优。除此以外，如果只有相关系数向上漂移（即$\rho = 0.75$）或者两个方差参数发生漂移，而均值参数不变，不论相关系数是否发生漂移，Mathur控制图表现出更好的性能。

2) 当过程分布是自由度为3的二元t分布时，对于$m = 100$和$n = 5$，由表6.3可知在大多数情况下Lepage-Copula和Cucconi-Copula控制图性能优于Mathur控制图，除了当只有相关系数向上漂移（即$\rho = 0.75$），Mathur控制图表现最优。当主要是位置参数发生漂移，Lepage-Copula控制图性能表现更好；当主要是尺度参数发生漂移，Cucconi-Copula控制图的性能最优。如果只有相关系数发生向下小幅度漂移（即$\rho = 0.25$），Lepage-Copula控制图表现出较高的检测效率。当相关系数向下漂移的幅度增加（即$\rho = 0$或$\rho = -0.5$）时，Cucconi-Copula控制图性能略好。此外，对于二元t分布，当$m = 100$和$n = 25$时，由表6.6可知，Cucconi-Copula控制图的总体效率较高。当两个边缘分布的方差参数发生漂移，位置参数保持不变，不论相关系数是否漂移，Mathur控制图的性能优于其他所有控制图。对于只有相关系数向上漂移（即$\rho = 0.75$），Mathur控制图也具有更好的检测能力。Cucconi-Copula控制图在检测任何一个方差参数的变化或相关系数向下漂移均明显优于其他控制图。除此以外，Cucconi-Copula控制图和Lepage-Copula控制图的性能表现几乎相同。

3) 在二元指数分布下，当$m = 100$和$n = 5$时，由表6.4可知，在大多数情况下Lepage-Copula和Cucconi-Copula控制图比Mathur控制图的检测效果更好，除了对于只有相关系数发生向下漂移（即$\rho = -0.5$），Mathur控制图的性能更好。当方差参数中的一个或两个发生变化，位置参数不变，无论相关系数是否变化，Cucconi-Copula控制图的性能最好。对于只有相关系数向上漂移（即$\rho = 0.75$）或向下漂移（即$\rho = 0$），Cucconi-Copula控制图同样优于其他控制图。当任何一个或者两个均值参数发生变化，无论方差或相关系数是否发生漂移，Lepage-Copula控制图是最好的。进一步，对于二元指数分布，当$m = 100$和$n = 25$时，由表6.7中知，Cucconi-Copula控制图在所有考虑的漂移下具有最小的ARL_1值，即性能表现最优。

综上所述，在大多数情况下，所提出的Lepage-Copula和Cucconi-Copula控制图比Mathur控制图的性能表现更好。此外，上述控制图在过程失控时的性能随着检验样本容量的增大而提高。对于$m = 100, n = 25$，Cucconi-Copula控制图总体性能表现很好。值得指出的是，对于二元正态分布和二元t分布，当检验样本容量$n = 5$时，所提出的控制图对只有相关系数漂移的检测效率不高。对于二元指数分布，Cucconi-Copula控制图在检测只有相关系数漂移方面稍有优势。然而，当$m = 100, n = 25$时，所提出的控制图能够有效地检测中到大的相关系数漂移。例如，当$(\mu_1, \mu_2, \sigma_1, \sigma_2, \rho) = (0, 0, 1, 1, 0)$时，即相关参数$\rho$从0.5向下漂移到0，Cucconi-Copula控制图和Lepage-Copula控制图的ARL_1分别为155.06和180.55。对于更大的相关系数向下漂移$(\mu_1, \mu_2, \sigma_1, \sigma_2, \rho) = (0, 0, 1, 1, -0.5)$，Cucconi-Copula控制图的$ARL_1$为4.7，而Lepage-Copula控制图的$ARL_1$为8.74。

6.3.4 控制图的诊断能力分析

多元控制图报警后的诊断问题是近年来许多学者关注的课题。大部分现有的多元非参数控制图存在一个共同的问题，它们本身不能用作诊断，无法解释报警到底是由哪个或者哪几个变量发生变化引起的，这往往会阻碍工程师在实际中使用它们。与现有的一些二元控制图不同，本章所提出的控制图提供了更容易的信号跟踪方法。本小节将展示如何使用所提出的控制图识别异常源。当控制图在第j个检验样本点发出报警信号，将继续执行以下程序，以确定哪个变量的变化是导致过程变化的原因。

1) 当Lepage-Copula控制图发生报警后，
   ①如果$-\ln \Lambda_{j2}$和$-\ln \Lambda_{j3}$均小于上控制限H_L，但是$-\ln \Lambda_{j1}$超过上控制限H_L，则表示只有分量X发生漂移；
   ②如果$-\ln \Lambda_{j1}$和$-\ln \Lambda_{j3}$均小于上控制限H_L，但是$-\ln \Lambda_{j2}$超过上控制限H_L，表示只有分量Y发生漂移；
   ③如果$-\ln \Lambda_{j1}$和$-\ln \Lambda_{j2}$都小于上控制限H_L，但是$-\ln \Lambda_{j3}$大于上控制限H_L，表示只有相关系数发生变化；

④当$-\ln \Lambda_{j3}$小于上控制限H_L，但是$-\ln \Lambda_{j1}$和$-\ln \Lambda_{j2}$均超过上控制限H_L，表示分量X和Y同时发生漂移；

⑤当$-\ln \Lambda_{j2}$小于上控制限H_L，而$-\ln \Lambda_{j1}$和$-\ln \Lambda_{j3}$都大于上控制限H_L，代表分量X和相关系数发生漂移；

⑥当$-\ln \Lambda_{j1}$小于H_L，但$-\ln \Lambda_{j2}$和$-\ln \Lambda_{j3}$均大于H_L，表示分量Y和相关系数发生漂移；

⑦最后，如果$-\ln \Lambda_{j1}$、$-\ln \Lambda_{j2}$和$-\ln \Lambda_{j3}$全都超过上控制限H_L，表明分量X和Y以及相关系数均发生漂移。

2) 当Cucconi-Copula控制图给出失控信号后，

①如果$-\ln \Upsilon_{j2}$和$-\ln \Upsilon_{j3}$均小于上控制限H_C，但是$-\ln \Upsilon_{j1}$超过上控制限H_C，则表示只有分量X发生漂移；

②如果$-\ln \Upsilon_{j1}$和$-\ln \Upsilon_{j3}$均小于上控制限H_C，但是$-\ln \Upsilon_{j2}$超过上控制限H_C，表示只有分量Y发生漂移；

③如果$-\ln \Upsilon_{j1}$和$-\ln \Upsilon_{j2}$都小于上控制限H_C，但是$-\ln \Upsilon_{j3}$大于上控制限H_C，表示只有相关系数发生变化；

④当$-\ln \Upsilon_{j3}$小于上控制限H_C，但是$-\ln \Upsilon_{j1}$和$-\ln \Upsilon_{j2}$均超过上控制限H_C，表示分量X和Y同时发生漂移；

⑤当$-\ln \Upsilon_{j2}$小于上控制限H_C，而$-\ln \Upsilon_{j1}$和$-\ln \Upsilon_{j3}$都大于上控制限H_C，表示分量X和相关系数发生漂移；

⑥当$-\ln \Upsilon_{j1}$小于H_C，但$-\ln \Upsilon_{j2}$和$-\ln \Upsilon_{j3}$均大于H_C，表示分量Y和相关系数发生漂移；

⑦如果$-\ln \Upsilon_{j1}$、$-\ln \Upsilon_{j2}$和$-\ln \Upsilon_{j3}$全都超过上控制限H_C，表示分量X、Y和相关系数均发生漂移。

在上述诊断程序中，上控制限H_L和H_C分别是Lepage-Copula和Cucconi-Copula控制图的诊断阈值。这是因为当$LC_j = \max\{-\ln(\Lambda_{j1}), -\ln(\Lambda_{j2}), -\ln(\Lambda_{j3})\} > H_L$或$CC_j = \max\{-\ln(\Upsilon_{j1}), -\ln(\Upsilon_{j2}), -\ln(\Upsilon_{j3})\} > H_C$时，过程被认为在第$j$个检验样本点失控。显然，当Lepage-Copula控制图在第j个检验样本处发出失控报警后，如果$-\ln(\Lambda_{j1}) > H_L$，表示分量X的分布参数发生漂移；如果$-\ln(\Lambda_{j2}) > H_L$，表示分量Y的分布参数发生漂移；如果$-\ln(\Lambda_{j3}) > H_L$，则表示X和Y相关系数发生漂移。对于Cucconi-Copula控制图，也有类似的结论。

下面研究所提出的控制图在过程失控时的诊断准确率（Correct Diagnosis Percentage；CDP），即正确诊断次数/报警次数，根据10 000次模拟中正确诊断次数占报警次数的百分比计算。考虑五个具有代表性的失控参数：$(\mu_1,\mu_2,\sigma_1,\sigma_2,\rho)$分别为(1,0,1,1,0.5)、(0,0,1,1.5,0.5)、(1,1,1,1,0.5)、(0,0,1,1,−0.5)和(0,0,1,1,0)。当$(\mu_1,\mu_2,\sigma_1,\sigma_2,\rho)=(0,0,1,1,0.5)$时，过程可控。进一步，考虑三个分布：二元正态分布、自由度为3的二元t分布和二元指数分布。表6.8给出了$(m,n)=(100,15)$和$(m,n)=(100,25)$的模拟结果。从表6.8可以看出：在所考虑的所有分布和漂移下，$(m,n)=(100,25)$时的CDP值高于$(m,n)=(100,15)$时的CDP值，这表明较大的检验样本容量n能够提高控制图的诊断能力。当失控参数为(1,0,1,1,0.5)、(0,0,1,1.5,0.5)和(0,0,1,1,−0.5)时，Lepage-Copula和Cucconi-Copula控制图的CDP值均大于90%，意味着当只有一个分量的过程参数发生漂移或只有相关系数发生较大漂移时，所提出控制图的诊断能力较好。当变量X和Y都有变化时，如$(\mu_1,\mu_2,\sigma_1,\sigma_2,\rho)=(1,1,1,1,0.5)$，在二元正态分布和二元$t$分布下，所提出控制图的CDP值相对较低，但对于二元指数分布且$(m,n)=(100,25)$，所提出控制图的CDP值为100%。相关系数漂移(0,0,1,1,0)的CDP值比相关系数漂移(0,0,1,1,−0.5)的CDP值小得多，表明相关系数漂移越大，控制图的诊断能力越好。

表 6.8 控制图的诊断准确率

控制图	分布参数	二元正态分布 (100,15)	二元正态分布 (100,25)	二元t分布(3自由度) (100,15)	二元t分布(3自由度) (100,25)	二元指数分布 (100,15)	二元指数分布 (100,25)
Cucconi-Copula	(1,0,1,1,0.5)	0.995	0.995	0.991	0.995	0.997	0.998
	(0,0,1,1.5,0.5)	0.971	0.988	0.958	0.976	0.991	0.994
	(1,1,1,1,0.5)	0.542	0.790	0.350	0.559	0.822	1.000
	(0,0,1,1,−0.5)	0.882	0.975	0.851	0.973	0.849	0.940
	(0,0,1,1,0)	0.101	0.402	0.143	0.356	0.258	0.520
Lepage-Copula	(1,0,1,1,0.5)	0.996	0.997	0.995	0.996	0.997	0.997
	(0,0,1,1.5,0.5)	0.964	0.985	0.951	0.961	0.991	0.995
	(1,1,1,1,0.5)	0.511	0.779	0.331	0.527	0.771	1.000
	(0,0,1,1,−0.5)	0.947	0.982	0.944	0.983	0.895	0.922
	(0,0,1,1,0)	0.377	0.483	0.259	0.495	0.581	0.641

6.4 实例应用

本节将给出两个实例，说明所提出的控制图的应用。第一个实例是监控加拿大温哥华市呼叫中心服务质量，第二个实例是监控工厂生产软木塞的长度和直径。

6.4.1 加拿大温哥华市呼叫中心服务质量的监测与诊断

为了研究所提出的控制图在实际应用中的性能，以一个实例对比Cucconi-Copula控制图、Lepage-Copula控制图与Mathur控制图在实际中的应用的效果。确保服务质量是企业的核心问题，因此监控服务质量很有必要。本节以监控加拿大温哥华市3-1-1呼叫中心的服务质量为例进行说明，3-1-1呼叫中心是一个提供非紧急社区服务的特殊电话号码，本节分析该中心从2009年6月15日到2019年电话系统中的详细数据，包括日来电、接通和丢失的电话数量，客户服务代表的平均应答速度，以及在指定时间内应答呼叫的百分比等，相关数据从温哥华官方网站（https://data.vancouver.ca/datacatalogue/311contactCentreMetrics.htm）获取。其中，平均应答速度，即呼叫者在客户服务代表接听呼叫之前的的平均每日等待时间（秒），以及在指定时间内应答呼叫的百分比，直接影响服务水平，从管理的角度来看，同时监控这两个指标很重要。

6.4.1.1 阶段 I 样本的建立

使用2017年最后一季度的全部92对数据，即2017年10月1日至12月31日，作为阶段I（参考）样本。采用Holmes-Mergen检验，多元Box-Ljung检验和Kojadinovic-Yan检验，验证表明参考样本是从一个稳定的随机过程中观察到的，无自相关性。进一步，使用R软件包"dfphase1"计算结果显示92对数据是受控的。

6.4.1.2 阶段 II 分析

以周为单位在线监控2018年1月1日之后的数据，连续监控20周，直到2018年5月20日。为了公平比较，所有控制图的ARL_0都设置为370.4。通过Monte-Carlo模拟分别找到Cucconi-Copula控制图、Lepage-Copula控制图与Mathur控制图的上控制限，结果见表6.9。表6.9给出了三个控制图的20个检验样本所对应的检验统计量值，其中深灰色的阴影表示对应的检验统计量发出失控警报。注意到Lepage-Copula和Cucconi-Copula控制图的某些检验统计量值是"∞"，表明用于计算统计量的3个P值中至少有一个为0。P值为0意味着相应的Lepage或Cucconi统计量值很大。因此，这是一个强烈的失控信号。由表6.9可知，Cucconi-Copula、Lepage-Copula和Mathur控制图均在第16周发出报警信号，并一直持续到第20周。

表 6.9　对温哥华市3-1-1呼叫中心数据检测的控制图的检验统计量

序号	Mathur控制图 $UCL = 203.5$	Cucconi-Copula控制图 $UCL = 6.12$	Lepage-Copula控制图 $UCL = 6.27$
1	177	3.14	3.19
2	51	1.15	1.42
3	12	1.08	1.40
4	55	1.68	1.79
5	11	0.96	0.94
6	165	3.44	3.73
7	137	1.92	1.99
8	22	1.42	1.06
9	53	1.50	1.21
10	18	2.68	2.65
11	128	1.68	1.82
12	51	2.51	3.20
13	156	2.67	2.42
14	201	5.98	5.96
15	170	3.15	3.29
16	272	∞	∞
17	267	∞	∞
18	313	∞	∞
19	292	∞	∞
20	256	∞	∞

6.4.1.3　诊断分析

在控制图发出报警信号后，能够快速准确地诊断信号源是很有意义的。应用6.3.4小节的诊断方法，得到如下结果从第16个检验样本到第19个检验样本Lepage-Copula控制图的$-ln\Lambda_1$和$-ln\Lambda_2$值均为无穷大；在第20个检验样本处的$-\ln\Lambda_1 = \infty$，$-\ln\Lambda_2 = 6.7678$；但是第16到第20个检验样本的$-\ln\Lambda_3$值均小于上控制限6.27。此外，观察到Cucconi-Copula控制图具有类似结果。对于第16到第19个检验样本，Cucconi-Copula控制图的$-\ln\Upsilon_1$和$-\ln\Upsilon_2$值均为无穷大；第20个样本点处的$-\ln\Upsilon_1 = \infty$，$-\ln\Upsilon_2 = 6.7491$；但是第16到20个检验样本的Υ_3值都小于上控制限6.12。上述结果表明，对于第16到20个检验样本，报警信号是由分量X和Y的过程参数变化引起的，而X与Y的相关系数是受控的。

6.4.2　软木塞长度和直径的监测与诊断

这个实例利用工厂生产的软木塞的长度和直径数据来说明所提出的控制图

的实际应用。软木塞有两个重要的质量指标：长度和直径。Figueiredo和Gomes（2013）以及Li等（2016）监控了软木塞的直径数据。本书第4章应用带FIR的非参数EWMA控制图监控软木塞的长度数据。本节利用所提出的二元稳健控制图同时监控软木塞的长度和直径。首先对300个软木塞的长度和直径数据进行阶段I分析。使用R软件包"dfphase1"中提供的阶段I非参数方法对300对数据进行可控分析，结果显示没有失控的样本点，因此可以将这300对测量值作为参考样本。阶段II数据由11组容量为$n = 25$的子组组成。为了应用所提出的控制图，对于$m = 300$、$n = 25$以及$ARL_0 = 370.4$，首先基于Monte-Carlo模拟计算Lepage-Copula、Cucconi-Copula和Mathur控制图的上控制限。结果见表6.10。表6.10进一步给出每个控制图的11个检验统计量值，其中深灰色的阴影表示对应的检验统计量值超过控制限，控制图发出失控信号。

表 6.10 对软木塞的长度和直径数据检测的控制图的检验统计量

序号	Mathur控制图 $UCL = 1309.5$	Cucconi-Copula控制图 $UCL = 6.32$	Lepage-Copula控制图 $UCL = 6.44$
1	41	3.36	3.56
2	386	1.51	1.85
3	816	3.45	3.56
4	689	3.31	2.96
5	341	3.17	3.27
6	80	∞	∞
7	618	∞	∞
8	45	2.93	2.89
9	115	1.56	1.45
10	2705	∞	∞
11	2936	∞	∞

从表6.10可知，Lepage-Copula和Cucconi-Copula控制图在第6、7、10和11个检验样本处发出失控报警信号，而Mathur控制图仅在第10和11个检验样本处发出失控报警信号。在控制图报警后，能够快速准确地诊断信号源是很重要的。应用6.3.4小节的诊断方法，在第6、7和第10个检验样本处，Cucconi-Copula的$-\ln \Upsilon_2$值为∞。第6个检验样本的$-\ln \Upsilon_1 = 2.4362$，$-\ln \Upsilon_3 = 0.9073$；第7个检验样本的$-\ln \Upsilon_1 = 0.1439$，$-\ln \Upsilon_3 = 0.0313$；第10个检验样本的$-\ln \Upsilon_1 = 4.3292$，$-\ln \Upsilon_3 = 0.5473$。进一步，在第6、7和10个检验样本点，Lepage-Copula控制图的$-\ln \Lambda_2$值为∞。第6个

检验样本的$-\ln\Lambda_1 = 1.9131$，$-\ln\Lambda_3 = 0.5731$；第7个检验样本的$-\ln\Lambda_1 = 0.1719$，$-\ln\Lambda_3 = 0.0459$；第10个检验样本的$-\ln\Lambda_1 = 4.3401$，$-\ln\Lambda_3 = 0.3104$。注意到Cucconi-Copula控制图和Lepage-Copula控制图的上控制限分别为6.32和6.44。因此，对于失控样本6、7和10，上述诊断结果表明只有分量Y的过程参数发生了变化，并且被Cucconi-Copula和Lepage-Copula控制图检测到，而Mathur控制图没有检测到第6和第7检验样本的变化。进一步，在第11个检验样本处，所有考虑的控制图均给出失控信号。对于第11个检验样本，Cucconi-Copula控制图的$-\ln\Upsilon_1$和$-\ln\Upsilon_2$值是∞，而$-\ln\Upsilon_3 = 0.6162$。类似地，Lepage-Copula控制图在第11个检验样本处的$-\ln\Lambda_1 = \infty$，$-\ln\Lambda_2 = \infty$，$-\ln\Lambda_3 = 0.4329$。因此，可以得出结论，对于第11个检验样本，变量X和Y都发生了变化，而它们的相关系数是可控的。综上所述，显然使用所提出的控制图有助于更快地检测软木塞质量指标的变化并能够给出具体的诊断信息。

6.5 本章小结

面向复杂生产和服务数据，本章提出两个稳健的二元Shewhart控制图，分别为Lepage-Copula和Cucconi-Copula控制图，基于联合三个非参数检验的P值，其中两个P值用于检验边缘分布，另一个P值用于检验两个经验Copula相等。控制图所采用的非参数统计量能够同时检测边缘分布的位置参数和尺度参数，Copula描述了两个变量之间的相关结构。因此，本章提出的控制图不仅能够检测边缘分布的变化，而且能够监控分量间相关结构的变化。本章详细描述了两个稳健二元控制图的设计步骤，便于在生产和服务质量监测中应用。依据运行长度分布的均值、方差和分位数，深入研究所提出控制图的受控和失控性能，并基于Monte-Carlo模拟进一步证实所提出控制图在过程可控时的稳健性。将Lepage-Copula和Cucconi-Copula控制图与已有的Mathur控制图在不同的过程分布和参数漂移下进行性能比较。结果表明，在大部分情况下Lepage-Copula和Cucconi-Copula控制图的性能优于Mathur控制图。此外，Lepage-Copula和Cucconi-Copula控制图的另一个重要优点是当控制图发出报警后，能够快速识别失控信号源。详细研究所提出控制图在过程失控时的诊断能力并得到在多数情况下Lepage-Copula和Cucconi-Copula控制图具有较高的诊断准确率。本章所提出的方法适用于联合检测二元连续过程均值向量和协方差阵变化，并且能够在报警后诊断是哪个分量或者相关结构发生变化。另外，该方法稳健、易于设计、实施和推广，可以很容易地推广到多元变量的情况。对于d元变量，只需要考虑$d+1$个检验统计量分别用来检测d个边缘分布和Copula。但是，当变量数增加时，计算复杂度会大幅度增加。在实际应用中，对于高维生产和服务数据，在提高计算的时间和精度方面需要更多的研究。

参考文献

[1] ABBASI S A, AHMADB S, RIAZA M. On enhanced sensitivity of nonparametric EWMA control charts for process monitoring [J]. Scientia Iranica, transactions E: Industrial engineering, 2017, 24:424-438.

[2] AKIR S T. A distribution-free Shewhart quality control chart based on signed-ranks [J]. Quality engineering, 2004, 16(4):613-623.

[3] BÜNING H, THADEWALD T. An adaptive two-sample location-scale test of lepage type for symmetric distributions [J]. Journal of Statistical Computation and Simulation, 2000, 65(1-4):287-310.

[4] BAKIR S T. Distribution-free quality control charts based on signed-rank-like statistics [J]. Communications in statistics-theory and methods, 2006, 35(4):743-757.

[5] BOONE J M, CHAKRABORTI S. Two simple Shewhart-type multivariate nonparametric control charts [J]. Applied stochastic models in business and industry, 2012, 28(2):130-140.

[6] CAPIZZI G, MASAROTTO G. Phase I distribution-free analysis of univariate data [J]. Journal of quality technology, 2013, 45(3):273-284.

[7] CAPIZZI G, MASAROTTO G. Phase I distribution-free analysis with the R package dfphase1 [C]//KNOTHS, SCHMIDW. Frontiers in Statistical Quality Control 12. Cham: Springer, 2018:3-19.

[8] CELANO G, CASTAGLIOLA P, CHAKRABORTI S. Joint Shewhart control charts for location and scale monitoring in finite horizon processes [J]. Computers & industrial engineering, 2016, 101:427-439.

[9] CHAKRABORTI S, GRAHAM M A. Nonparametric (distribution-free) control charts: An updated overview and some results[J]. Quality engineering, 2019, 31(4):523-544.

[10] CHAKRABORTI S, GRAHAM M A. Nonparametric statistical process control [M]. New York: John Wiley & Sons, 2019.

[11] CHAKRABORTI S, VAN DER LAAN P, VAN DE WIEL M. A class of distribution-free control charts [J]. Journal of the royal statistical society: Series C (Applied statistics), 2004, 53(3):443-462.

[12] CHEN N, ZI X, ZOU C. (2016). A distribution-free multivariate control chart [J]. Technometrics, 2016, 58(4):448-459.

[13] CHONG Z L, MUKHERJEE A, KHOO M B. Distribution-free Shewhart-Lepage type premier control schemes for simultaneous monitoring of location and scale [J]. Computers & industrial engineering, 2017, 104:201-215.

[14] CHONG Z L, MUKHERJEE A, KHOO M B. Some distribution-free Lepage-type schemes for simultaneous monitoring of one-sided shifts in location and scale [J]. Computers & industrial engineering, 2018, 115:653-669.

[15] CHOWDHURY S, MUKHERJEE A, CHAKRABORTI S. A new distribution-free control chart for joint monitoring of unknown location and scale parameters of continuous distributions [J]. Quality and reliability engineering international, 2014, 30(2):191-204.

[16] CHOWDHURY S, MUKHERJEE A, CHAKRABORTI S. Distribution-free phase II CUSUM control chart for joint monitoring of location and scale [J]. Quality and reliability engineering international, 2015, 31(1):135-151.

[17] CUCCONI O. Un nuovo test non parametrico per il confronto fra due gruppi di valori campionari [J]. Giornale degli economisti e annali di economia, 1968, 27:225-248.

[18] DAS N. A non-parametric control chart for controlling variability based on squared rank test [J]. Journal of Industrial and Systems Engineering, 2008b, 2(2):114 – 125.

[19] DAS N. A note on the efficiency of nonparametric control chart for monitoring process variability [J]. Economic Quality Control, 2008a, 23(1):85 – 93.

[20] DOVOEDO Y H, CHAKRABORTI S. Effects of parameter estimation on the multivariate distribution-free Phase II sign EWMA chart [J]. Quality and reliability engineering international, 2017, 33(2):431-449.

[21] EMURA T, LONG T H, SUN L H. R routines for performing estimation and statistical process control under copula-based time series models [J]. Communications in statistics: simulation and computation, 2015, 46(4):3067-3087.

[22] FATAHI A A, DOKOUHAKI P, MOGHADDAM B F . A bivariate control chart based on copula function [C]. Proceedings of the 2011 IEEE ICQR. 2011:292-296.

[23] FATAHI A A, NOOROSSANA R, DOKOUHAKI P, et al. Copula-based bivariate zip control chart for monitoring rare events [J]. Communication in statistics:Theory and methods, 2012, 41(15):2699-2716.

[24] FIGUEIREDO F, GOMES M I. The skew-normal distribution in SPC [J]. Revstat-Statistical Journal, 2013, 11(1):83-104.

[25] GAJJAR S, KULAHCI M, PALAZOGLU A. Real-time fault detection and diagnosis using sparse principal component analysis [J]. Journal of process control, 2018, 67:112-128.

[26] GASTWIRTH J L. Percentile modifications of two sample rank tests [J]. Journal of the American statistical association, 1965, 60(312):1127-1141.

[27] GRAHAM M A, MUKHERJEE A, CHAKRABORTI S. Distribution-free exponentially weighted moving average control charts for monitoring unknown location [J]. Computational statistics & data analysis, 2012, 56(8):2539-2561.

[28] HÁJEK J, ŠIDÁK Z, SEN P. Theory of Rank Tests [M]. 2th Ed. San Diego, California: Academic Press, 1999.

[29] HAQ A, MUNIR W. Improved CUSUM charts for monitoring process mean [J]. Journal of statistical computation and simulation, 2018, 88(9):1684-1701.

[30] HOGG R V. Adaptive robust procedures: A partial review and some suggestions for future applications and theory [J]. Journal of the American statistical association, 1974, 69(348):909-923.

[31] JONES-FARMER L, WOODALL W H, STEINER S, et al. An overview of phase I analysis for process improvement and monitoring [J]. Journal of quality technology, 2014, 46(3):265-280.

[32] KÖSSLER W. Asymptotic power and efficiency of Lepage-type tests for the treatment of combined location-scale alternatives [J]. Informatik-bericht Nr 200. Humboldt-Universität zu Berlin, 2006.

[33] KIM J. M, BAIK J, RELLER M. Control charts of mean and variance using copula Markov SPC and conditional distribution by copula [J]. Communications in statistics: simulation and computation, 2019, 50(1):85-102.

[34] KNOTH S. Fast initial response features for EWMA control charts [J]. Statistical papers, 2005, 46(1):47-64.

[35] KUVATTANA S, BUSABABODHIN P, AREEPONG Y, et al. Bivariate copulas on the exponentially weighted moving average control chart [J]. Songklanakarin journal of science & technology, 2016, 38(5):569-574.

[36] KUVATTANA S, SUKPARUNGSEE S, BUSABABODHIN P, et al. A comparison of efficiency between multivariate Shewhart and multivariate CUSUM control chart for bivariate copula [C]. International Conference on Applied Statistics 2015:219-223.

[37] LEPAGE Y. A combination of Wilcoxon's and Ansari-Bradley's statistics [J]. Biometrika, 1971, 58(1):213-217.

[38] LI C, MUKHERJEE A, SU Q, et al. Some monitoring procedures related to asymmetry parameter of Azzalini's skew-normal model. Revstat-Statistical journal, 2019, 1(17):1-24.

[39] LI C, MUKHERJEE A, SU Q. A distribution-free phase I monitoring scheme for subgroup location and scale based on the multi-sample Lepage statistic [J]. Computers & industrial engineering, 2019, 129:259-273.

[40] LI S Y, TANG L C, NG S H. Nonparametric CUSUM and EWMA control charts for detecting mean shifts [J]. Journal of quality technology, 2010, 42(2):209-226.

[41] LI Z, QIU P. Statistical process control using a dynamic sampling scheme [J]. Technometrics, 2014, 56(3):325-335.

[42] LI Z, XIE M., ZHOU M. Rank-based EWMA procedure for sequentially detecting changes of process location and variability [J]. Quality technology & quantitative management, 2018, 15(3):354-373.

[43] LI Z, ZOU C, GONG Z, et al. The computation of average run length and average time to signal: An overview[J]. Journal of statistical computation and simulation, 2014, 84:1779-1802.

[44] LI Z, ZOU C, WANG Z, et al. A multivariate sign chart for monitoring process shape parameters [J]. Journal of quality technology, 2013, 45(2):149-165.

[45] LIU L, TSUNG F, ZHANG J. Adaptive nonparametric CUSUM scheme for detecting unknown shifts in location [J]. International journal of production research, 2014, 52(6):1592-1606.

[46] LU S L. Applying fast initial response features on GWMA control charts for monitoring autocorrelation data [J]. Communications in statistics-theory and methods, 2016, 45(11):3344-3356.

[47] LUCAS J M, CROSIER R B. Fast initial response for CUSUM quality-control schemes: give your CUSUM a head start [J]. Technometrics, 1982, 24:199-205.

[48] LUCAS J M, SACCUCCI M S. Exponentially weighted moving average control schemes: properties and enhancements [J]. Technometrics, 1990, 32(1):1-12.

[49] MAHMOOD T, NAZIR H Z, ABBAS N, et al. Performance evaluation of joint monitoring control charts [J]. Scientia Iranica, 2017, 24(4):2152-2163.

[50] MAROZZI M. Some notes on the location–scale Cucconi test [J]. Journal of nonparametric statistics, 2009, 21(5):629-647.

[51] MAROZZI, M. Nonparametric simultaneous tests for location and scale testing: A comparison of several methods [J]. Communications in statistics: simulation and computation, 2013, 42(6):1298-1317. "

[52] MONTGOMERY D C. Introduction to statistical quality control [M]. 7th ed. New York: John Wiley and Sons, 2013."

[53] MONTGOMERY D C. Statistical quality control [M]. New York: Wiley, 2009.

[54] MUKHERJEE A, ABD-ELFATTAH A M, PUKAIT B. A rule of thumb for testing symmetry about an unknown median against a long right tail [J]. Journal of statistical computation and simulation, 2014, 84:2138-2155.

[55] MUKHERJEE A, CHAKRABORTI S. A distribution-free control chart for the joint monitoring of location and scale [J]. Quality and Reliability Engineering International, 2012,28(3):335–352.

[56] MUKHERJEE A, CHENG Y, GONG, M. A new nonparametric scheme for simultaneous monitoring of bivariate processes and its application in monitoring service quality [J]. Quality technology & quantitative management, 2017, 15(1):143-156.

[57] MUKHERJEE A, GRAHAM M A, CHAKRABORTI S. Distribution-free exceedance CUSUM control charts for location [J]. Communications in statistics: simulation and computation, 2013, 42(5):1153-1187.

[58] MUKHERJEE A, MAROZZI M. A distribution-free phase-II CUSUM procedure for monitoring service quality [J]. Total quality management & business excellence, 2017a, 28(11-12):1227-1263.

[59] MUKHERJEE A, MAROZZI M. Distribution-free Lepage type circular-grid charts for joint monitoring of location and scale parameters of a process [J]. Quality and reliability engineering international, 2017b, 33(2):241-274.

[60] MUKHERJEE A, RAKITZIS A. Some simultaneous progressive monitoring schemes for the two parameters of a zero-inflated Poisson process under unknown shifts [J]. Journal of quality technology, 2019, 1-27.

[61] MUKHERJEE A, SEN R. Optimal design of Shewhart-Lepage type schemes and its application in monitoring service quality [J]. European journal of operational research, 2018, 266(1):147-167.

[62] MUKHERJEE A. Distribution-free phase-II exponentially weighted moving average schemes for joint monitoring of location and scale based on subgroup samples [J]. The International Journal of Advanced Manufacturing Technology, 2017a, 92(1-4):101 – 116.

[63] MUKHERJEE A. Recent developments in phase-II monitoring of location and scale -an overview and some new results, 61st ISI World Statistics Congress [C], Marrakesh, Morocco, 2017b.

[64] MUKHERJEE A. Recent developments in phase-II monitoring of location and scale: An overview and some new results [C]. The 61st ISI World Statistics Congress, 2017.

[65] OLIVEIRA J C M, PONTES K V, SARTORI I, et al. Fault detection and diagnosis in dynamic systems using weightless neural networks [J]. Expert systems with applications, 2017, 84:200-219.

[66] QIU P, HAWKINS D M. A nonparametric multivariate CUSUM procedure for detecting shifts in all directions [J]. Journal of royal statistical society: Series D (The statistician), 2003, 52:151-164.

[67] QIU P, HAWKINS D M. A rank based multivariate CUSUM procedure [J]. Technometrics, 2001, 43:120-132.

[68] QIU P, LI Z. Distribution-free monitoring of univariate processes [J]. Statistics & probability letters, 2011a, 81(12):1833-1840.

[69] QIU P, LI Z. On nonparametric statistical process control of univariate processes [J]. Technometrics, 2011b, 53(4):390-405.

[70] QIU P, ZHANG J. On Phase II SPC in cases when normality is invalid [J]. Quality and reliability engineering international, 2015, 31(1):27-35.

[71] QIU P. Distribution-free multivariate process control based on log-linear modeling [J]. IIE transactions, 2008, 40(7):664-677.

[72] QIU P. Introduction to statistical process control [M]. Boca Raton FL: Chapman and Hall/CRC, 2014.

[73] QIU P. Some perspectives on nonparametric statistical process control [J]. Journal of quality technology, 2018, 50(1):49-65.

[74] RHOADS T R, MONTGOMERY D C, MASTRANGELO C M. A fast initial response scheme for the exponentially weighted moving average control chart [J]. Quality engineering, 1996, 9:317-327.

[75] ROBERTS S. Control chart tests based on geometric moving averages [J]. Technometrics, 1959, 1(3):239-250.

[76] RYU J-H, WAN G, KIM S. Optimal design of a CUSUM chart for a mean shift of unknown size [J]. Journal of quality technology, 2010, 42(3):311-326.

[77] SANUSI R A, RIAZ M, ABBAS N, et al. Using FIR to improve CUSUM charts for monitoring process dispersion [J]. Quality and reliability engineering international, 2017, 33(5):1045-1056.

[78] SKLAR A. Fonctions de répartition à n dimensions et leurs marges [J]. Publications de l'Institut de Statistique de l'Université de Paris, 1959, 8:229-231.

[79] SONG Z, LIU Y, LI Z, et al. A comparative study of memory-type control charts based on robust scale estimators [J]. Quality and reliability engineering international, 2018, 34(6):1079-1102.

[80] SONG Z, MUKHERJEE A, LIU Y C, ZHANG J J. Optimizing joint location-scale monitoring-an adaptive distribution-free approach with minimal loss of information [J]. European Journal of Operational Research, 2019(274):1019-1036.

[81] SONG Z, MUKHERJEE A, MA N, ZHANG J J. A class of new nonparametric circular-grid charts for signal classification [J]. Quality and Reliability Engineering International, 2021,37(6):2738-2758.

[82] SONG Z, MUKHERJEE A, QIU P H, et al. Two robust multivariate exponentially weighted moving average charts to facilitate distinctive product quality features assessment [J]. Computers & Industrial Engineering, 2023, 183:109469.

[83] SONG Z, MUKHERJEE A, TAO G H. A class of distribution-free one-sided Cucconi schemes for joint surveillance of location and scale parameters and their

application in monitoring cab services [J]. Computers & Industrial Engineering, 2020, 148:106625.

[84] SONG Z, MUKHERJEE A, ZHANG J J. An efficient approach of designing distribution-free exponentially weighted moving average schemes with dynamic fast initial response for joint monitoring of location and scale [J], Journal of Statistical Computation and Simulation, 2020, 90(13):2329-2353.

[85] SONG Z, MUKHERJEE A, ZHANG J J. Some robust approaches based on copula for monitoring bivariate processes and component-wise assessment [J]. European Journal of Operational Research, 2021, 289(1):177-196.

[86] SUKPARUNGSEE S, KUVATTANA S, BUSABABODHIN P, et al. Bivariate copulas on the Hotelling's T2 control chart [J]. Communications in statistics: simulation and computation, 2018, 47(2):413-419.

[87] SUKPARUNGSEE S, KUVATTANA S, BUSABABODHIN P, et al. Multivariate copulas on the MCUSUM control chart [J]. Cogent mathematics, 2017, 4:1-9.

[88] VERDIER G. Application of copulas to multivariate control charts [J]. Journal of statistical planning and inference, 2013, 143(12):2151-2159.

[89] VILLANUEVA-GUERRA E, TERCEROGÓMEZ V, CORDEROFRANCO A, et al. A control chart for variance based on squared ranks [J]. Journal of statistical computation and simulation, 2017, 87(4):1-26.

[90] WOODALL W H, MONTGOMERY D C. Research issues and ideas in statistical process control [J]. Journal of quality technology, 1999, 31(4):376-386.

[91] ZAFAR R F, MAHMOOD T, ABBAS N, et al. A progressive approach to joint monitoring of process parameters [J]. Computers & industrial engineering, 2018, 115:253-268.

[92] ZHANG J, LI E, LI Z. A Cram'er-von Mises test-based distribution-free control chart for joint monitoring of location and scale [J]. Computers & industrial engineering, 2017, 110:484-497.

[93] ZHOU M, GENG W. A robust control chart for monitoring dispersion [J]. Journal of applied mathematics, 2013, 2013:1-5.

[94] ZHOU M, ZHOU Q, GENG W. A new nonparametric control chart for monitoring variability[J]. Quality and reliability engineering international, 2016, 32(7):2471-2479.

[95] ZI X, ZOU C, ZHOU Q, et al. A directional multivariate sign EWMA control chart[J]. Quality Technology and Quantitative Management, 2013, 10(1):115-132.

[96] ZOU C, JIAN W, TSUNG F.A LASSO based diagnostic framework for multivariate statistical process control [J]. Technometrics, 2011, 53:297-309.

[97] ZOU C, QIU P.Multivariate statistical process control using LASSO [J].Journal of the American statistical association, 2009, 104:1586-1596.

[98] ZOU C, TSUNG F. A multivariate sign EWMA control chart [J]. Technometrics, 2011, 53:84-97.

[99] ZOU C, WANG Z, TSUNG F. A spatial rank-based multivariate EWMA control chart [J]. Naval research logistics, 2012, 59:91-110.

[100] 宋赞，刘艳春，陶桂洪. 阶段II联合检测过程位置和尺度的非参数EWMA控制图（英文）[J]. 应用概率统计, 2019, 35(06):639-653.

[101] 宋赞，周茂袁，张阚，丰雪，陶桂洪. 联合监测过程位置参数和尺度参数的非参数Shewhart控制图[J]. 数理统计与管理, 2022, 41(01):94-107.

[102] 王兆军，邹长亮，李忠华. 统计质量控制图理论与方法[M]. 北京: 科学出版社, 2013.

[103] 张超. 基于协方差矩阵检验的多元非参数控制图[D]. 江苏: 江苏师范大学, 2017.